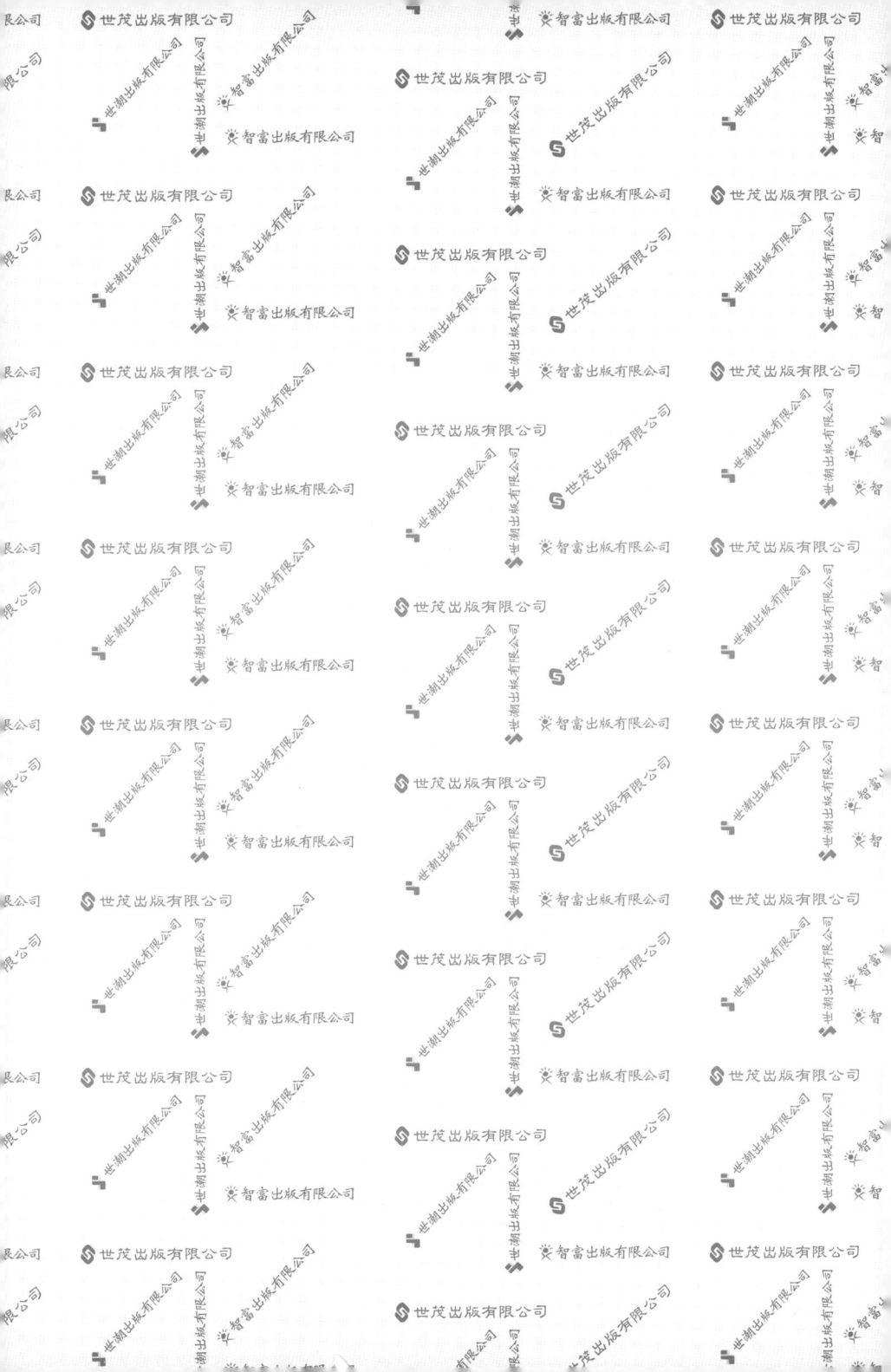

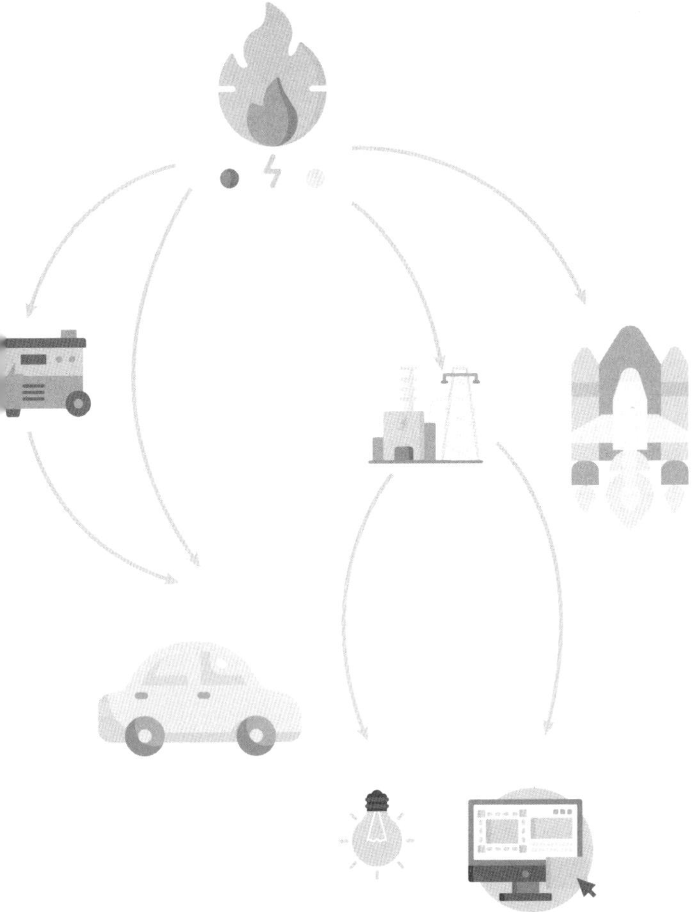

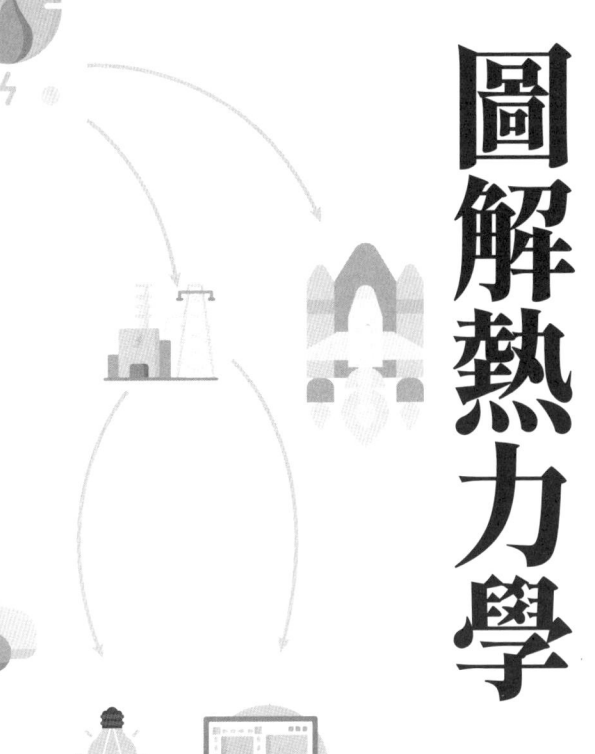

圖解熱力學

輕鬆讀、簡單學的

マンガでわかる熱力学

原田知廣 著
李漢庭 譯
川本梨惠 作畫
Universal Publishing 製作
前大同大學機械系教授 郭鴻森 審訂

※本書原名為《世界第一簡單熱力學》，現更名為此。

◆ 前 言 ◆

世界第一本漫畫熱力學!?

　　各位讀者喜歡物理嗎？這本書就是要帶領各位學習物理學中的熱力學。或許有些正在翻閱本書的讀者，對物理並不擅長。

　　不擅長物理的人，可能對國高中的力學也相當頭大吧？力學可以說是物理的基礎，然而實際上，就算是力學不拿手，仍然可以輕鬆地學習熱力學。因為熱力學完全沒有力學之中的慣性法則或運動方程式之類的內容。特別是本書經過精心設計，對於沒有什麼力學概念的人也能夠輕鬆閱讀。一開始只要輕鬆翻閱漫畫部分即可。而且書中的熱力學法則都寫成文字，以文章的方式，而非以數學式呈現，所以對一看到算式就頭痛的人也可以無負擔地閱讀本書。

　　另一方面，一定也有些讀者原本就很擅長物理吧。你們喜歡物理的哪些部分呢？對構成一切物質的基本粒子、浩瀚無垠的宇宙、解釋一切現象的量子力學，想必一定都很感興趣。相較之下熱力學算是相當樸素的一門學問了。但是越熟習物理學的人，就越能感受熱力學的重要。其中一個理由，就是熱力學的成立範圍比較廣。大多數力學與物理學的法則，僅存在於理想狀態之下。但是熱力學法則卻不太一樣。世界上所有肉眼可見的現象，可以說一定都遵從熱力學原則。

　　如果一個懂物理學的人問你：「你喜歡物理的哪個部分？」請務必要回答：「熱力學！」那麼對方一定會視你為物理學高手。
　　本書得以完成，要感謝 Ohm 社開發局的全體同仁，Universal Publishing 株式會社的沖元友佳小姐，以及為本書作畫的川本梨惠小姐。謝謝各位的鼎力相助！

原田知廣

◆ 目　錄 ◆

前言 ……………………………………………………………… iii

序幕　珍研面臨危機！

第1章　溫度與狀態方程式

1.0　益永研究室 ……………………………………………… 8
1.1　何謂溫度 ………………………………………………… 11
1.2　熱平衡 …………………………………………………… 16
加藤的特別講座①　關於壓力 ……………………………… 21
1.3　波以耳定律 ……………………………………………… 22
1.4　查理定律 ………………………………………………… 24
1.5　波以耳・查理定律 ……………………………………… 26
加藤的特別講座②　攝氏溫度與絕對溫度 ………………… 31
1.6　熱力學會用到的數學與符號 …………………………… 33
　　 1.6.1　文字與符號一覽 ………………………………… 33
　　 1.6.2　小小數學筆記 …………………………………… 34
　　 1.6.3　偏微分與全微分 ………………………………… 38
　　 1.6.4　線積分與封閉曲線積分 ………………………… 41
1.7　狀態方程式 ……………………………………………… 45
第1章總結 …………………………………………………… 48

第2章　熱力學第一定律

2.0　社長出奇招 ……………………………………………… 50
2.1　功與能量 ………………………………………………… 52
2.2　絕熱壁 …………………………………………………… 58
2.3　熱力學第一定律 ………………………………………… 61
2.4　熱是什麼？ ……………………………………………… 67
加藤的特別講座③　附加說明 ……………………………… 71
2.5　焦耳實驗 ………………………………………………… 72
2.6　準靜過程 ………………………………………………… 75
2.7　流體靜壓力 ……………………………………………… 78
2.8　比熱 ……………………………………………………… 79
2.9　理想氣體的自由膨脹 …………………………………… 82

iv

第 2 章總結 ………………………………………………… 88

第 3 章　熱力學第二定律
　　3.0　追尋復原的定律 ………………………………………… 90
　　3.1　可逆？不可逆？ ………………………………………… 95
　　3.2　克勞休原理～熱力學第二定律 ………………………… 100
　　3.3　卡諾循環 ………………………………………………… 105
　　3.4　理想氣體的卡諾循環 …………………………………… 113
　　3.5　第二類永動機 …………………………………………… 118
　　3.6　各種不可逆性 …………………………………………… 126
　　第 3 章總結 ………………………………………………… 130

第 4 章　熵
　　4.0　社團的危機與瑛美的決心 ……………………………… 132
　　4.1　熵是什麼？ ……………………………………………… 134
　　4.2　熱力學上的溫度 ………………………………………… 142
　　加藤的特別講座④　有關卡諾循環的熱量比 …………… 144
　　4.3　循環的效率 ……………………………………………… 148
　　4.4　克勞休不等式 …………………………………………… 150
　　4.5　熵 ………………………………………………………… 157
　　4.6　熵與熱力學第一定律 …………………………………… 166
　　4.7　焓與自由能 ……………………………………………… 168
　　4.8　麥斯威爾關係式 ………………………………………… 171
　　4.9　邁向統計力學 …………………………………………… 174
　　加藤的特別講座⑤　泡芙與熱力學 ……………………… 182
　　第 4 章總結 ………………………………………………… 186

附錄
　　黑洞與熱力學 ………………………………………………… 190
　　終幕　珍研直到永遠 ………………………………………… 194

　　索引 …………………………………………………………… 197

v

第1章
溫度與狀態方程式

1.0 益永研究室

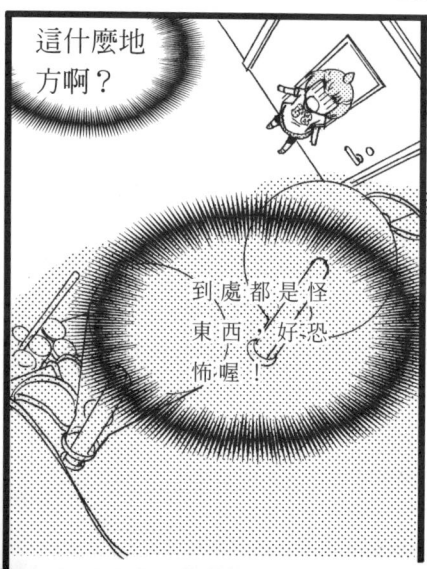

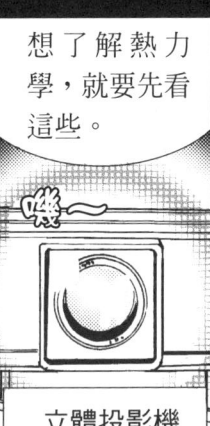

這些全都跟熱力學有關喔。

真的!?

熱力學是物理學的一個分支,從巨觀的角度來解釋熱現象。

現實世界中的一切現象,都包含熱現象。

化學與工程更少不了熱力學,可見它的應用範圍多廣!

自然之謎……

圖形性質的證明以數學來處理,但證明自然現象的就是物理學了。

沒錯,熱力學是物理學中最重視自然之謎的部分,一定很有趣啊!

這樣就能解開自然之謎了!

基本上熱力學分為三大定律。

● 熱力學　第零定律……**關於熱平衡狀態**
● 熱力學　第一定律……**能量守恆定律**
● 熱力學　第二定律……**一致性增長律**

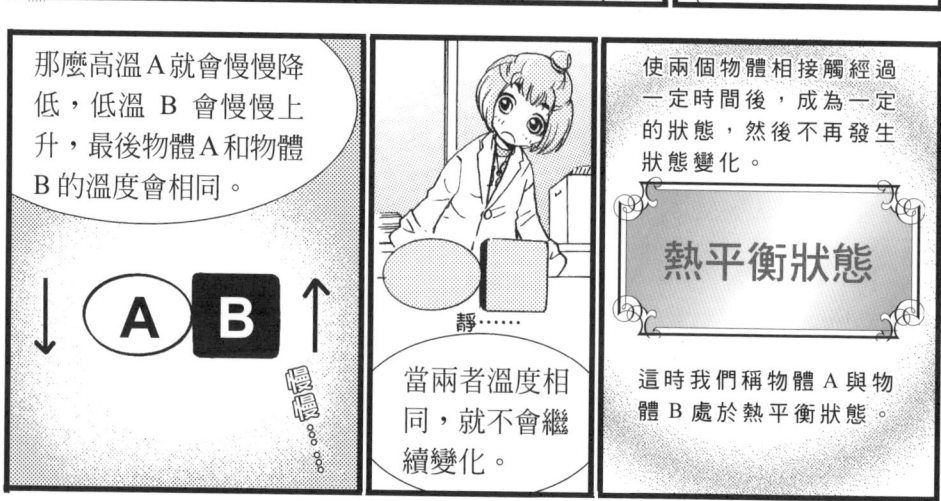

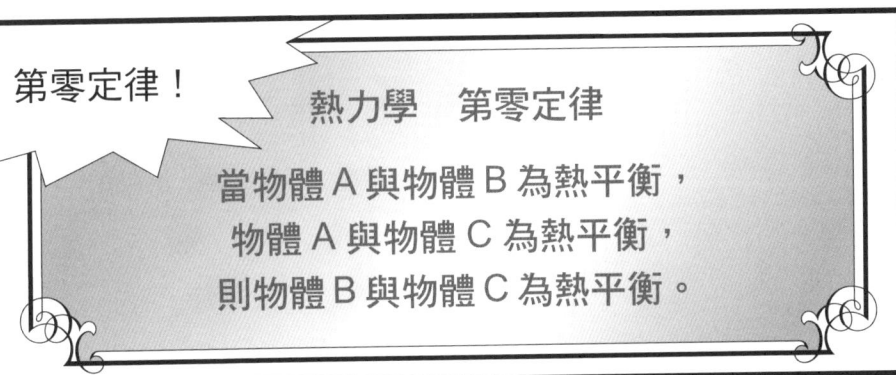
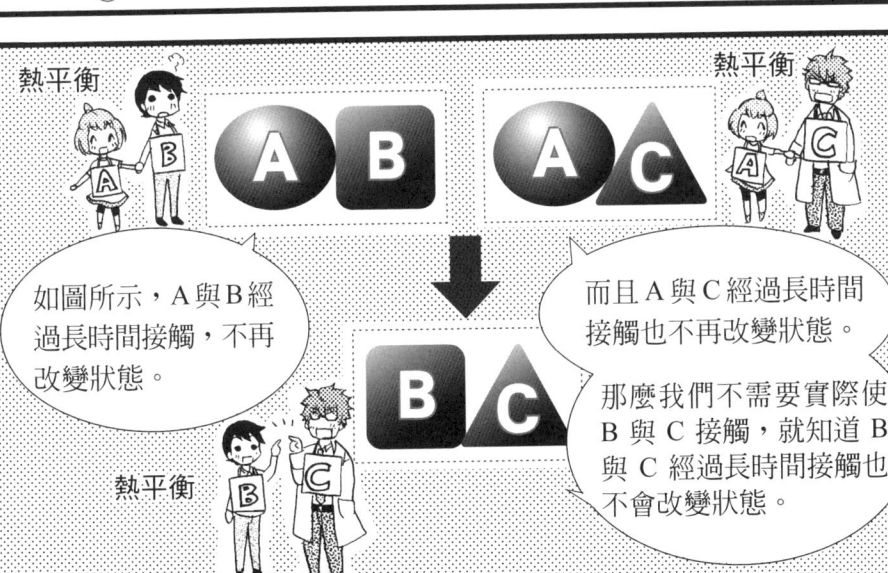

17

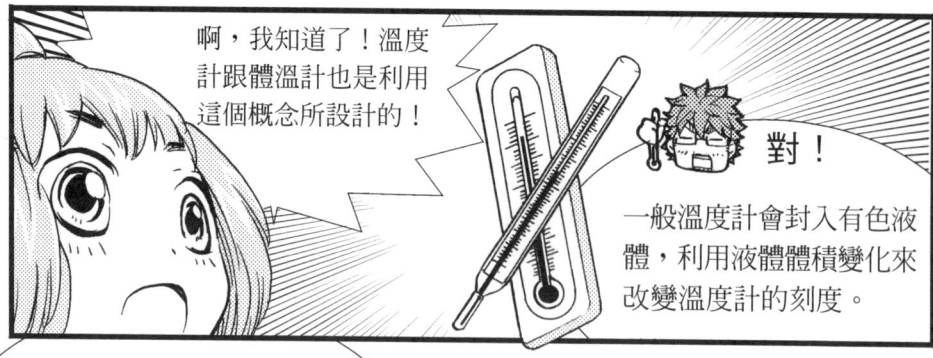

溫度計顯示的刻度就稱為**溫度**，也稱為**經驗溫度**。用希臘字母 θ 來表示。

以這張圖來說，溫度計的用途就是判斷 B 與 C 有沒有達到熱平衡。

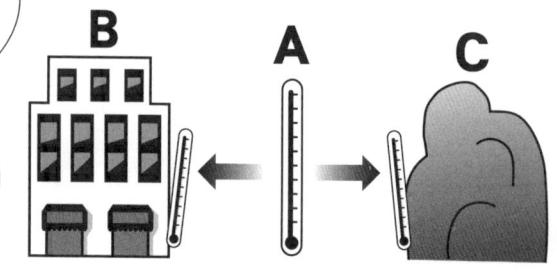

18　第1章◆溫度與狀態方程式

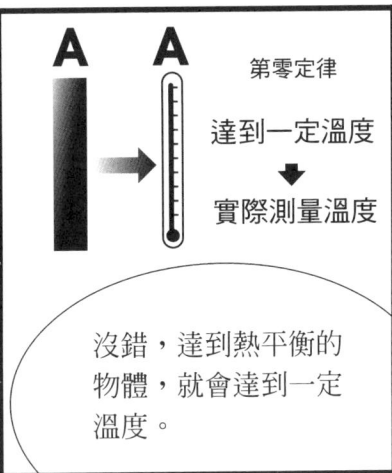

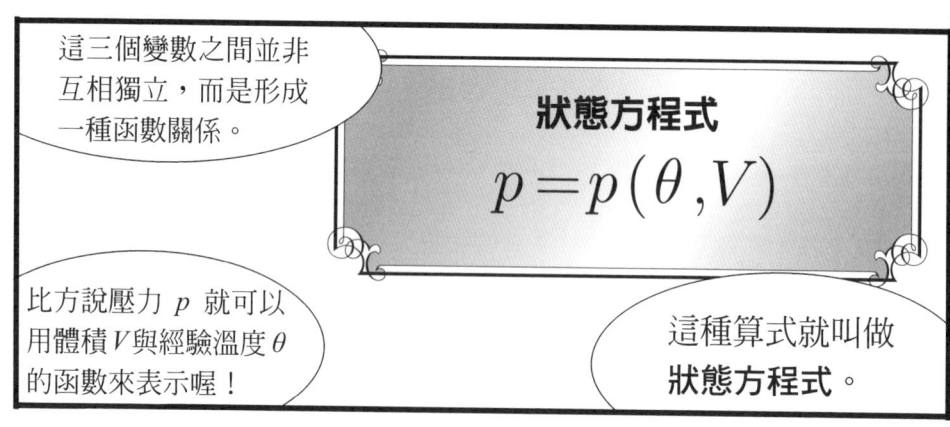

加藤的特別講座①

 話說壓力是什麼樣的力啊？

 壓力就是垂直於受力面，每單位面積所受到的力。如果力相同，面積越小，壓力就越大。

$$壓力 = \frac{力的大小}{受力面積}$$

壓力單位是 N/m²（牛頓／平方米）。也稱為 Pa（帕斯卡）。我們將平均大氣壓定為一大氣壓，一大氣壓等於 101,325Pa。如果我們把小東西放入大氣或水中，則該物體所有表面積都會受到垂直於表面的等量壓力。這種壓力就稱為**流體靜壓力**。

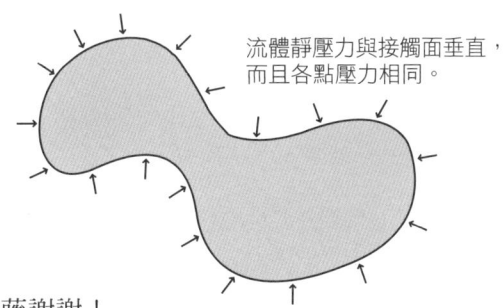

流體靜壓力與接觸面垂直，而且各點壓力相同。

 喔喔……加藤謝謝！

 沒有啦……總之……其他有不懂的再問我吧。

 好！那就繼續講解下去！

1.3 波以耳定律

那我們馬上來看溫度‧壓力‧體積的狀態方程式吧！

溫度一定

這次的實驗要探討在一定溫度下，體積與壓力的關係。

首先在圓筒裡裝入空氣，然後栓起來。

然後把栓子往內推，注意別讓空氣外洩。這樣會發生什麼事呢？

推

圓筒裡的空氣體積會變小啊！

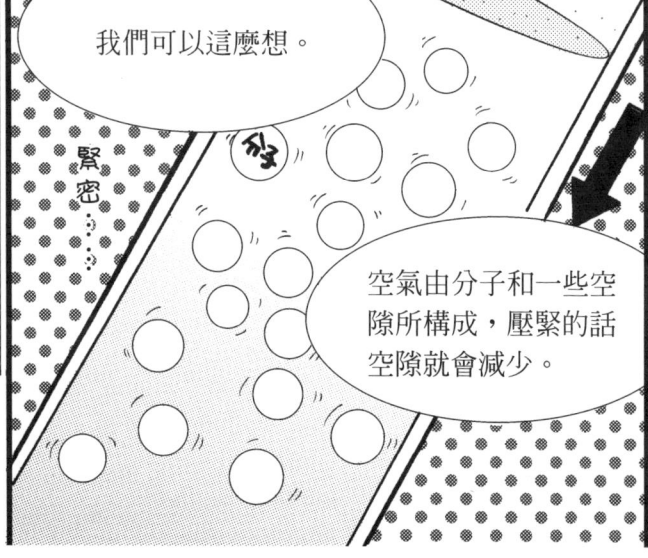

我們可以這麼想。

緊密……

空氣由分子和一些空隙所構成，壓緊的話空隙就會減少。

22

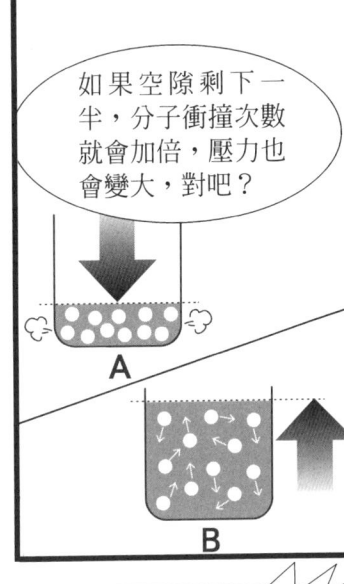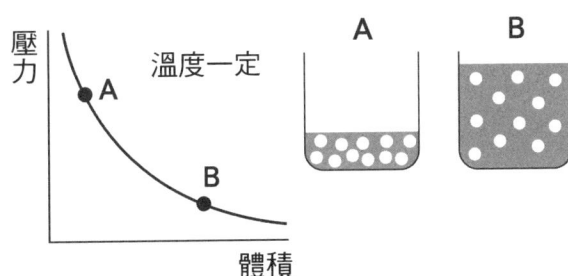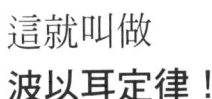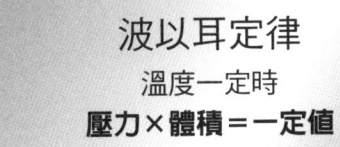

1.4 查理定律

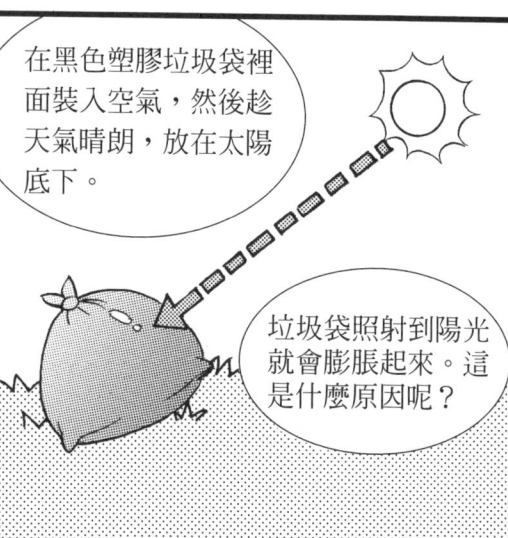

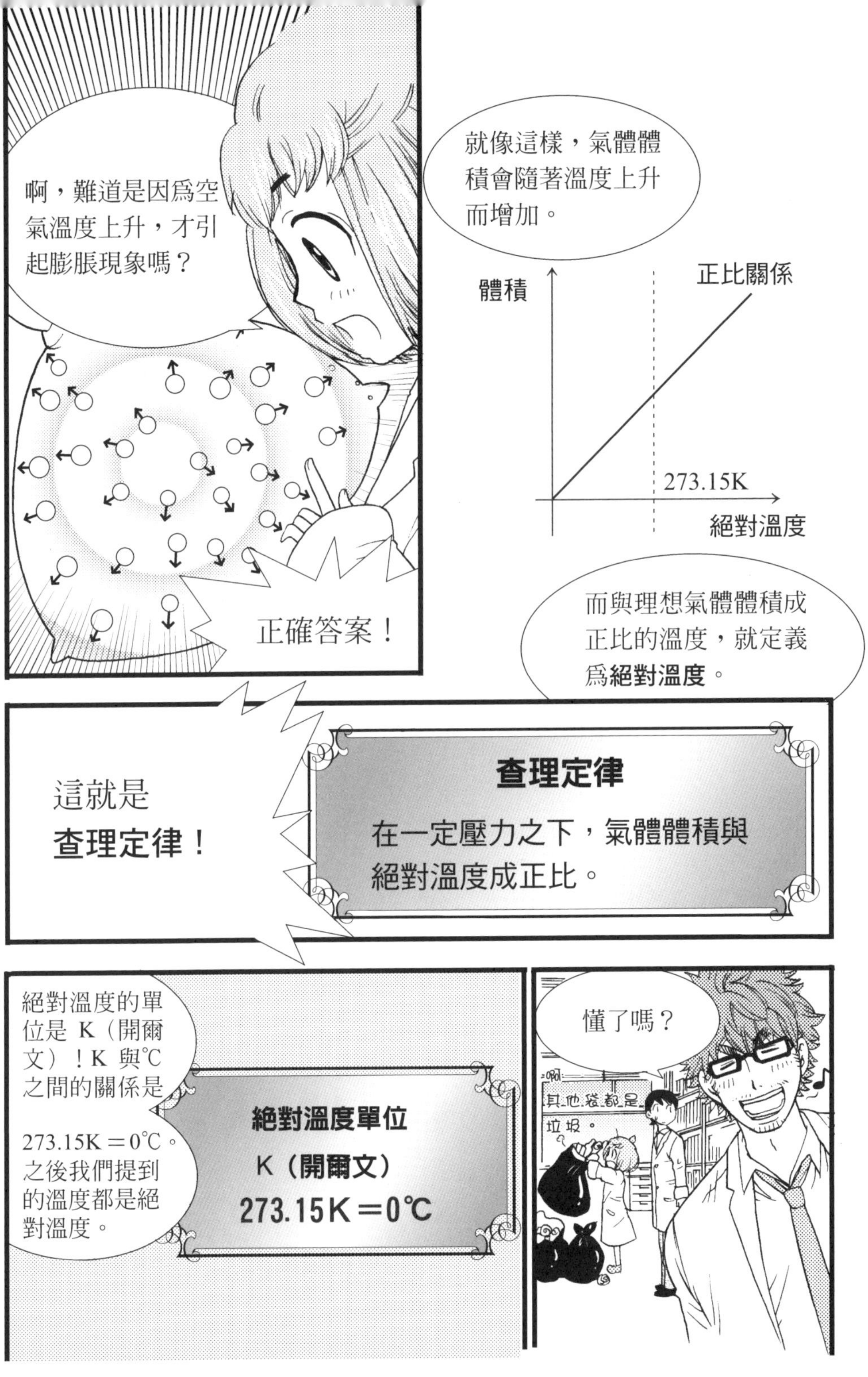

啊，難道是因為空氣溫度上升，才引起膨脹現象嗎？

就像這樣，氣體體積會隨著溫度上升而增加。

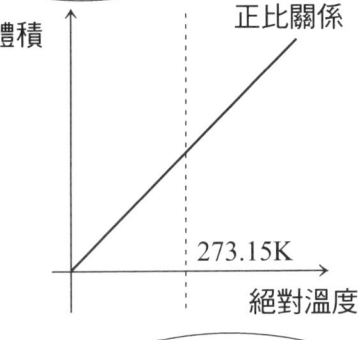

而與理想氣體體積成正比的溫度，就定義為**絕對溫度**。

正確答案！

這就是**查理定律**！

查理定律

在一定壓力之下，氣體體積與絕對溫度成正比。

絕對溫度的單位是 K（開爾文）！K 與 $^\circ C$ 之間的關係是 $273.15K = 0^\circ C$。之後我們提到的溫度都是絕對溫度。

絕對溫度單位
K（開爾文）
$273.15K = 0^\circ C$

懂了嗎？

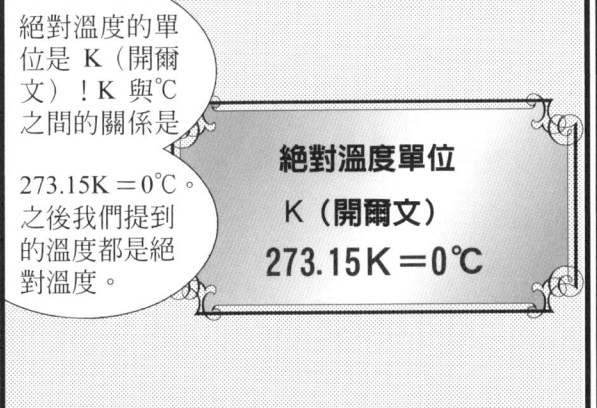

這就叫做
波以耳・查理定律！

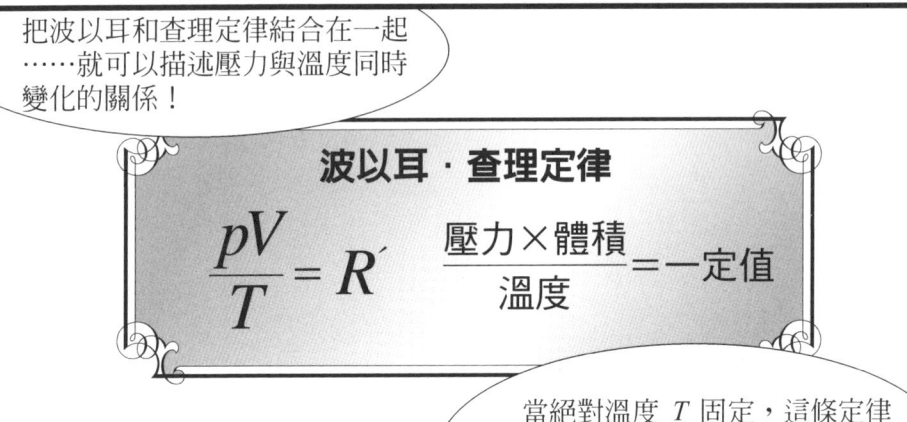

波以耳&
查理

鏘鏘

老師!?

把波以耳和查理定律結合在一起……就可以描述壓力與溫度同時變化的關係！

波以耳・查理定律

$$\frac{pV}{T} = R' \quad \frac{壓力 \times 體積}{溫度} = 一定值$$

當絕對溫度 T 固定，這條定律就成為波以耳定律；當壓力 p 固定，就成為查理定律。

壓力與體積相乘，跟絕對溫度成正比。

所以利用這個原理，讓石油爆炸，就可以推動活塞、轉動引擎！

要是體積更大一點，就可以噴出氣體，這就是噴射機飛行的原理啦！

飛

跑 跑跑

咻
沒錯！波以耳・查理定律可以說明引擎的基本原理！
煞車
好……
好棒喔！
沒想到熱力學可以說明這麼多東西！
就是這樣。
而能夠符合這條定律的氣體，就是波以耳定律提過的理想氣體了。
理想氣體
那理想氣體到底是什麼啊!?
波以耳定律也提過的……
這是一種不存在於現實中的虛擬氣體，用來說明熱力學。
因爲現實中的氣體碰到極端的低溫或高壓，就不符合這條定律了。

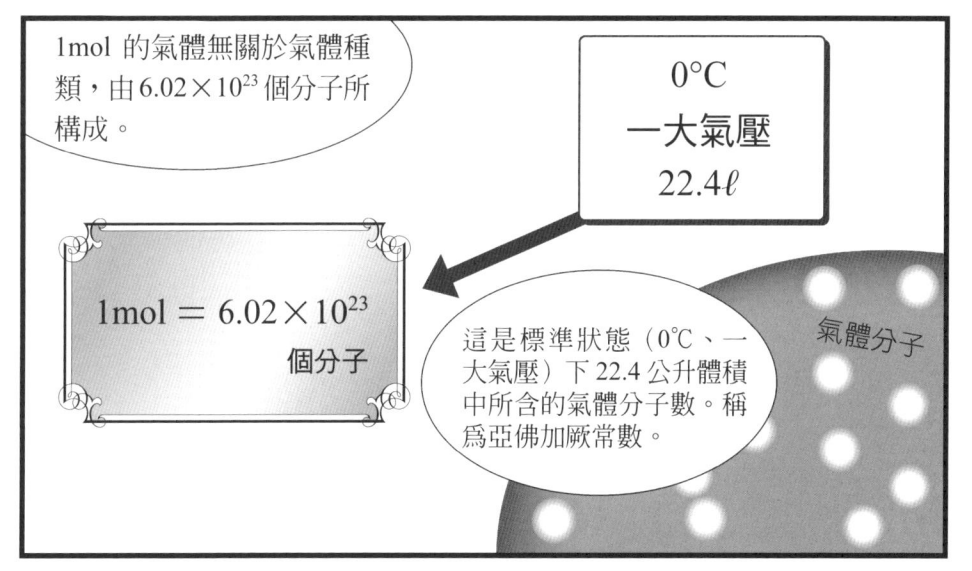

喔……
總之就只是為了方便說明囉？

嗯，妳要這樣想也沒錯。

看這個方程式就知道，無論溫度‧壓力‧體積如何變化，等號左邊都表示一定的數值。

$$\frac{pV}{T} = R$$

$$\frac{壓力 \times 體積}{溫度} = 一定值$$

對應 1 莫耳（mol）氣體的一定值稱為氣體常數 R。

1mol 的氣體無關於氣體種類，由 6.02×10^{23} 個分子所構成。

0°C
一大氣壓
22.4ℓ

$$1mol = 6.02 \times 10^{23} \text{ 個分子}$$

這是標準狀態（0°C、一大氣壓）下 22.4 公升體積中所含的氣體分子數。稱為亞佛加厥常數。

氣體分子

29

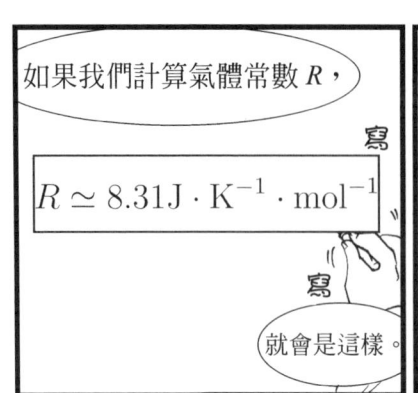

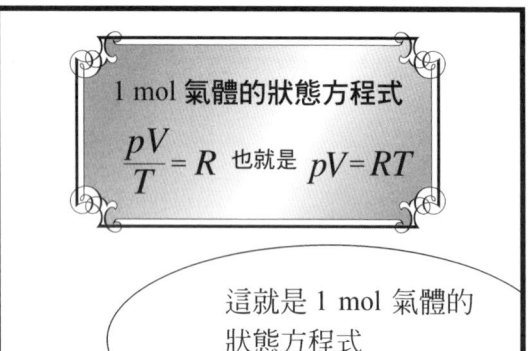

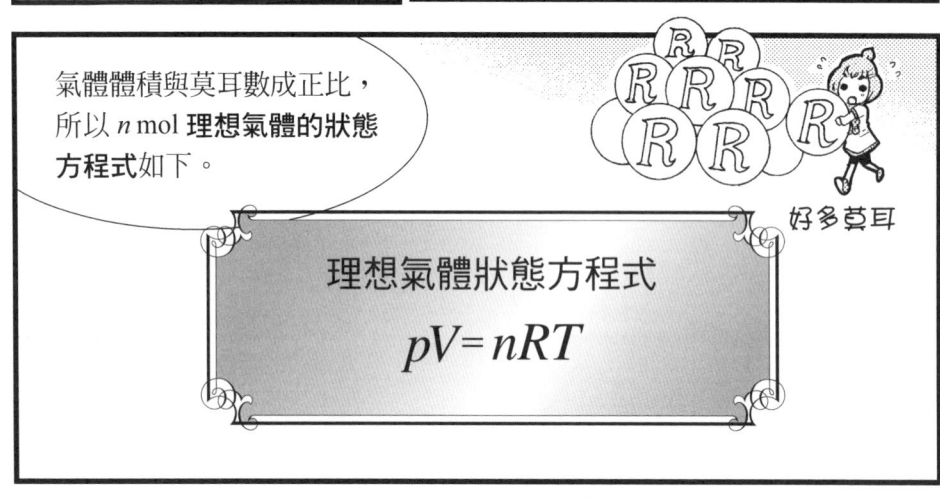

如果我們計算氣體常數 R，

$$R \simeq 8.31 \text{J} \cdot \text{K}^{-1} \cdot \text{mol}^{-1}$$

寫

寫

就會是這樣。

1 mol 氣體的狀態方程式

$$\frac{pV}{T} = R \text{ 也就是 } pV = RT$$

這就是 1 mol 氣體的狀態方程式

氣體體積與莫耳數成正比，所以 n mol **理想氣體的狀態方程式**如下。

好多莫耳

理想氣體狀態方程式

$$pV = nRT$$

理想氣體不存在於現實之中，但是它幫助我們更輕鬆地建立起熱力學理論架構。

而當熱力學的架構完成之後，就算理想氣體不存在也不會有影響了！

這樣懂了嗎？

加藤的特別講座②

攝氏溫度與絕對溫度

絕對溫度啊……好陌生的名詞。

那我們就來說明絕對溫度吧。妳還記得剛才說過的理想氣體嗎？

我沒那麼健忘啦，剛剛才學過的。

OK。那我們就試著用理想氣體來當溫度計吧。

用理想氣體當溫度計？

對呀。假設壓力是一大氣壓並維持固定，那溫度與理想氣體的體積就成正比。然後將一大氣壓之下，水沸騰的溫度與結冰的溫度假設為相差一百個刻度，就可以決定刻度大小了吧？由此決定的溫度，就是依理想氣體溫度計所得到的絕對溫度。

哦～單位好像是K（開爾文）對吧？可是這跟我們平常使用的溫度單位有什麼不一樣呢？

絕對溫度確實跟我們日常生活沒什麼關聯性。我們平常所使用的溫度叫做攝氏溫度。而剛剛益永老師說過，熱力學用的才是絕對溫度。

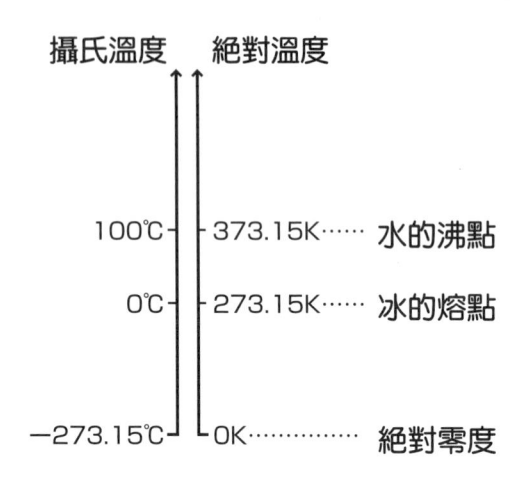

```
攝氏溫度    絕對溫度

100℃  ─  373.15K ……  水的沸點

0℃    ─  273.15K ……  冰的熔點

−273.15℃ ─ 0K ……  絕對零度
```

當溫度成為絕對零度（0K），理想氣體的體積則為零，所以絕對溫度不會低於 0K。絕對溫度與攝氏溫度的刻度寬度（1 度的溫度差）相同，兩者之間的關係是「絕對溫度/K ＝攝氏溫度/℃ ＋ 273.15」。
要注意，單位跟平時用的攝氏溫度不同喔！

1.6　熱力學會用到的數學與符號

1.6.1　文字與符號一覽

物理學會碰到許多文字與符號。其實我們可以任意挑選任何文字去代表某個物理量,但是有一定程度的規則會比較好懂,所以本書也沿用這些規則。以下整理出文字符號一覽表,雖然還有很多沒有整理出來的,但是本書內容會看到的文字符號,可以參考本表來加速理解。

文字	物理量
p	壓力
V	體積
U	內部能量
S	熵
Q	熱
W	功
θ (theta)	經驗溫度
T	絕對溫度
C	熱容量
c	比熱
H	焓
C_V	定容比熱
C_p	定壓比熱
γ (gamma)	比熱比 C_p/C_V
F	亥姆霍茲自由能
G	吉布斯自由能
n	莫耳數
η (eta)	效率

再來就是自然界中的一些常數。它們叫做物理常數，用特定的文字來表示，整理成下表。

文字	物理常數	大略值
R	氣體常數	$8.31 \text{J} \cdot \text{K}^{-1} \cdot \text{mol}^{-1}$
N_A	亞佛加厥常數	6.02×10^{23}
J	熱功當量	$4.19 \text{ J} \cdot \text{cal}^{-1}$

接著是數學符號。

符號	意義
log	對數
e	自然對數的底數
ln	自然對數
$\int$	積分
$\oint$	封閉曲線積分
Δf	增量
df	全微分
$\frac{df}{dx}$	常微分
$(\frac{df}{dx})_y$	偏微分
$d'q$	全微分無法表示的極小量

1.6.2 小小數學筆記

這裡整理一下本書所使用的數學重點。

- **和積平均關係**

正數 a、b 之間會成立以下不等式。

$$\frac{a+b}{2} \geq \sqrt{ab}$$

只有 $a = b$ 時，等號才會成立。不等式左邊是兩者相加除以二，稱為和平均；右邊是兩者相乘開根號，稱為積平均。

- **指數**

  有實數 a 與自然數 n，a 連乘 n 次可以寫成

  $$a \times a \times a \times \cdots a = a^n$$

  稱為 a 的 n 次方。此時 a 為底數，n 為**指數**。

  以下來考慮底數為正的情況。此時指數不一定要是自然數，可以擴張為實數。假設 a 為正數，那麼 a 的 0 次方、−3 次方、$\frac{1}{2}$ 次方分別為

  $$a^0 = 1, \quad a^{-3} = \frac{1}{a^3}, \quad a^{1/2} = \sqrt{a}$$

  若 a 為正數，x、y 為實數，則以下算式成立。

  $$a^x \cdot a^y = a^{x+y}, \quad (a^x)^y = a^{xy}$$

  這就是指數式。

- **對數**

  有正數 a、b 與實數 x。當以下算式成立，

  $$a^x = b$$

  那麼 x 就是以 a 為底 b 的**對數**。可以寫成

  $$x = \log_a b$$

  套用指數式，可以得知對數有以下性質。

  $$\log_a (bc) = \log_a b + \log_a c, \quad \log_a b^x = x \log_a b$$
  $$\log_a a = 1, \quad \log_a 1 = 0.$$

  此時 a、b、c 為正數，且 a ≠ 1。

- **自然對數**

  接著考慮 n 為正數時，以下算式的各種情況。

  $$\left(1 + \frac{1}{n}\right)^n$$

當 n 為 1、10、100 時分別如下所示。

$$\left(1+\frac{1}{1}\right)^1 = 2^1 = 2,$$
$$\left(1+\frac{1}{10}\right)^{10} = 1.1^{10} = 2.59374246\cdots,$$
$$\left(1+\frac{1}{100}\right)^{100} = 1.01^{100} = 2.70481383\cdots$$

結果會隨著 n 增加而不斷增加，並慢慢接近某個固定值。這種固定值稱為極限值。

$$\lim_{n\to\infty}\left(1+\frac{1}{n}\right)^n$$

這時候的極限值為 2.71828183...的無限小數，可以用字母 e 表示。數學上經常使用以 e 為底數的對數，稱為自然對數 ln。

$$\log_e = \ln$$

這時候 e 就是自然對數的底數。

• 微分

若函數 $f(x)$ 存在以下的極限值

$$\lim_{h\to 0}\frac{f(a+h)-f(a)}{h}$$

稱為 f 的 x 等於 a 時的**微分係數**，寫成 $\frac{df}{dx}(a)$ 或是 $f'(a)$。當微分係數存在於微分區間中的每個點，則對應 x 的函數 $f'(x)$ 就稱為函數 f 的導函數。導函數簡單來說就是 f 的微分。

$$(1)' = 0, \quad (x^\alpha)' = \alpha x^{\alpha-1}$$
$$(\sin x)' = \cos x, \quad (\cos x)' = -\sin x,$$
$$(\ln x)' = \frac{1}{x}$$

• 反函數微分

假設現在有一個函數 $f(x)$，若 $y=f(x)$，則決定 x 便可決定 y。若函數區間中的 x 與 y 為一對一的狀態，則使 y 對應 x 的函數 f^{-1} 稱為 f 的**反函數**。也就是 $x=f^{-1}(y)$。反函數微分，等於原本函數微分的倒數，也就是以下的算式。

$$(f^{-1})'(x) = \frac{1}{f'(x)}$$

• 不定積分

若某個函數微分之後成為函數 f，該函數稱為 f 的**不定積分**。寫成以下算式。

$$\int f(x)dx$$

以下是一個例子。

$$\int xdx = \frac{1}{2}x^2 + C$$

其中 C 為任意常數，稱為積分常數。其他還包括

$$\int x^\alpha dx = \frac{1}{\alpha+1}x^{\alpha+1} + C \quad (這裡 \ \alpha \neq -1),$$
$$\int \sin xdx = -\cos x + C, \quad \int \cos xdx = \sin x + C,$$
$$\int \frac{1}{x}dx = \ln|x| + C$$

其中的 C 都是積分常數。

• 定積分

簡單假設 $f(x) \geq 0$，在 xy 平面上描繪出 $y=f(x)$ 的函數。那麼函數區間 $a \leq x \leq b$，且函數 $f(x)$ 與 x 軸所所包夾的區域面積，稱為 $f(x)$ 的**定積分**。寫成以下算式。

$$\int_a^b f(x)dx$$

定積分也可以用不定積分來表示。

若函數 $f(x)$ 的不定積分為 $F(x)$，則可寫成

$$\int_a^b f(x)dx = F(b) - F(a)$$

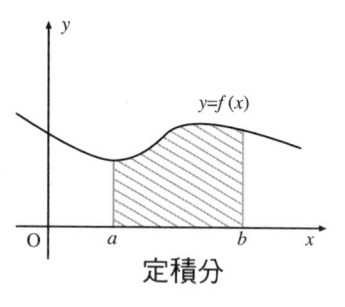

定積分

1.6.3 偏微分與全微分

接著來看熱力學所需要用到的數學，偏微分與全微分。

熱力學要討論的狀態，經常取決於兩個以上的變數。我們先假設有 x、y 兩個變數，然後考慮 xy 平面上的曲面。

這就像是登山，將山的地形定義為曲面 $z = z(x,y)$。以登山來說，z 就是標高，x、y 是經緯度。進一步探討正東方山坡上某一點的傾斜度，便是使 y 維持在一定值之下，z 對於 x 變化的微分係數。

這個係數稱為 z 對 x 的**偏微分**，寫成以下算式表示。

$$\left(\frac{\partial z}{\partial x}\right)_y = \lim_{\Delta x \to 0} \frac{z(x+\Delta x, y) - z(x,y)}{\Delta x}$$

偏微分符號右下方有一個 y，代表這個偏微分之中的 y 維持一定值。同樣地，正北方山坡的傾斜度，就是 x 維持一定值的 y 偏微分，寫成以下算式。

$$\left(\frac{\partial z}{\partial y}\right)_x = \lim_{\Delta y \to 0} \frac{z(x, y+\Delta y) - z(x,y)}{\Delta y}$$

接著來考慮兩個非常接近的點之間，高度有多少差別。當我們計算點 (x,y) 與旁邊的點 $(x+\triangle x, y+\triangle y)$ 之間的 z 差值，就成為

$$\begin{aligned}\Delta z &= z(x+\Delta x, y+\Delta y) - z(x,y) \\ &= z(x+\Delta x, y+\Delta y) - z(x, y+\Delta y) + z(x, y+\Delta y) - z(x,y) \\ &= \frac{z(x+\Delta x, y+\Delta y) - z(x, y+\Delta y)}{\Delta x}\Delta x + \frac{z(x, y+\Delta y) - z(x,y)}{\Delta y}\Delta y\end{aligned}$$

其中 $\triangle z$、$\triangle x$、$\triangle y$ 為極小量，寫成 dz、dy、dx，則成為

$$dz = \left(\frac{\partial z}{\partial x}\right)_y dx + \left(\frac{\partial z}{\partial y}\right)_x dy$$

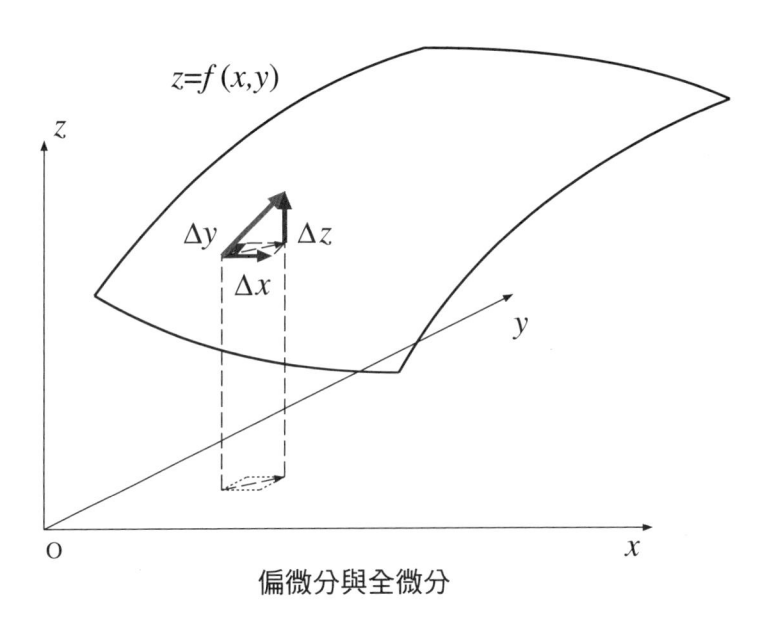

偏微分與全微分

也就是說，z 的微小增量等於 z 對 x 的偏微分乘上 x 的增量，再加上 z 對 y 的偏微分乘上 y 的增量。此時的 dz 稱為**全微分**，或簡稱**微分**。

我們再用這個結果導出偏微分的關係式，考慮上面算式中 z 為固定數值時的變化，於是 dz = 0。兩邊都除以 dx 則成為以下算式。

$$0 = \left(\frac{\partial z}{\partial x}\right)_y + \left(\frac{\partial z}{\partial y}\right)_x \left(\frac{\partial y}{\partial x}\right)_z$$

這裡使用了，

$$\left(\frac{dy}{dx}\right)_{z=\text{一定值}} = \left(\frac{\partial y}{\partial x}\right)_z$$

而且反函數微分等於微分的倒數，所以若使用，

$$\left(\frac{\partial z}{\partial x}\right)_y = \frac{1}{\left(\frac{\partial x}{\partial z}\right)_y}$$

就可以導出以下關係式。

$$\left(\frac{\partial x}{\partial z}\right)_y \left(\frac{\partial y}{\partial x}\right)_z \left(\frac{\partial z}{\partial y}\right)_x = -1$$

仔細看看這個算式，可以發現左邊是三個偏微分相乘，而且x、y、z的位置像在轉圈圈一樣互換。

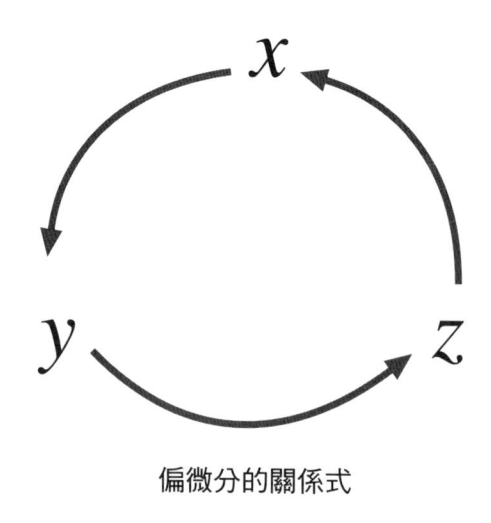

偏微分的關係式

進行兩次偏微分，稱為二階偏微分。二階偏微分也可以交換順序。即以下算式成立。

$$\frac{\partial^2 z}{\partial x \partial y} = \frac{\partial^2 z}{\partial y \partial x}$$

這樣是否了解偏微分了呢？

1.6.4 線積分與封閉曲線積分

說完微分之後,我們以雙變數函數來探討積分。假設有一個以原點為圓心,半徑 1 的圓 C。

$$x^2 + y^2 = 1$$

如果使用參數 t,就可以寫成

$$x = \cos t, \quad y = \sin t$$

然後沿著圓 C 的四分之一圓弧 $\bar{C}$ 作積分,並思考極小長度。

$$\sqrt{(dx)^2 + (dy)^2}$$

此時 t 在 $0 \leq t \leq \pi/2$ 的範圍內移動,所以點 $(x(t), y(t))$ 會沿著圓弧在點 A(1,0) 到點 B(0, 1) 之間移動。此時要求的積分如下。

$$\begin{aligned}\int_{\bar{C}} \sqrt{(dx)^2 + (dy)^2} &= \int_0^{\pi/2} \sqrt{(\frac{dx}{dt})^2 + (\frac{dy}{dt})^2} dt \\ &= \int_0^{\pi/2} \sqrt{\cos^2 t + \sin^2 t}\, dt = \frac{\pi}{2}\end{aligned}$$

這就是圓弧的長度。這種沿著某一段曲線的積分稱為線積分。**線積分**進行的路徑稱為積分路徑。

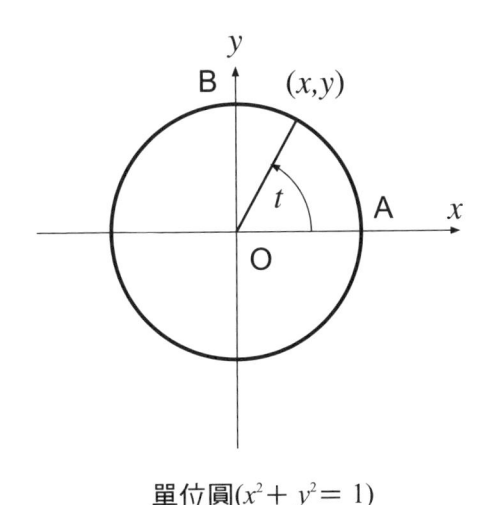

單位圓($x^2 + y^2 = 1$)

曲線分成開放曲線與封閉曲線。如果積分路徑沿著封閉曲線繞一圈，稱為**封閉曲線積分**。我們沿著整個圓 C 來做上一頁的積分，則 t 的移動範圍是 $0 \leq t \leq 2\pi$。

此時點 (x(t), y(t)) 會從點 A 開始繞一圈回到點 A。計算此路徑上的極小長度積分，結果如下。

$$\oint_C \sqrt{(dx)^2+(dy)^2} = \int_0^{2\pi} \sqrt{(\frac{dx}{dt})^2 + (\frac{dy}{dt})^2} dt = 2\pi$$

這就是圓周長。$\oint$ 是表示封閉曲線積分的符號。

接著來看稍微不一樣的積分。

$$(y-2x)dx + xdy$$

我們沿著四分之一圓弧 $\bar{C}$ 做以下的線積分。

$$\begin{aligned}\int_{\bar{C}}[(y-2x)dx+xdy] &= \int_0^{\pi/2}\left[(y-2x)\frac{dx}{dt}+x\frac{dy}{dt}\right]dt \\ &= \int_0^{\pi/2}(-\sin^2 t + 2\sin t \cos t + \cos^2 t)dt \\ &= \int_0^{\pi/2}(\sin 2t + \cos 2t)dt = 1\end{aligned}$$

如果把以上算式沿著全圓 C 做封閉曲線積分，馬上就可得到以下結果。

$$\oint_C[(y-2x)dx+xdy] = \int_0^{2\pi}(\sin 2t + \cos 2t)dt = 0$$

其實 (y − 2x)dx + xdy 就是全微分。可以寫成下面的式子。

$$d(xy-x^2) = (y-2x)dx + xdy$$

沿著起點 P(x_P, y_P) 到終點 Q(x_Q, y_Q) 之間任意曲線的全微分 df，其線積分以 P(x_P, y_P) 為起點，Q(x_Q, y_Q) 為終點，可寫成以下算式。

$$\int_{P\to Q} df = f(x_Q, y_Q) - f(x_P, y_P)$$

這裡的關鍵在於全微分的線積分與路徑無關，僅取決於起點與終點的函數值。

如果沿著四分之一圓弧 $\overline{C}$ 做線積分，使用 $f(x, y) = xy - x^2$ 來計算右邊的算式，就可以得出以下的正確答案。

$$f(0, 1) - f(1, 0) = 0 - (-1) = 1$$

我們接著來思考封閉曲線積分。封閉曲線積分是繞封閉曲線一圈的積分，所以起點與終點相同。於是沿著任意封閉曲線的封閉曲線積分如下。

$$\oint df = 0$$

前面看過，沿著圓周的封閉曲線積分為零，便是因為它是全微分的封閉曲線積分。

進一步來說，沿著任意封閉曲線的積分如下。

$$\oint [a(x, y)dx + b(x, y)dy] = 0$$

此時沿著以定點 $P_0(x_0, y_0)$ 為起點，以 $P(x, y)$ 為終點的曲線做以下曲線積分

$$f(x, y) = \int_{P_0 \to P} [a(x, y)dx + b(x, y)dy] + f(x_0, y_0)$$

則只與P點有關，與路徑無關。假設從 P_0 到 P 行經兩條不同路徑K、K'，再從P以相同路徑K"回到P_0，會有以下兩個封閉曲線積分。

$$\int_{P_0 K P} [a(x, y)dx + b(x, y)dy] + \int_{P K'' P_0} [a(x, y)dx + b(x, y)dy] = 0$$
$$\int_{P_0 K' P} [a(x, y)dx + b(x, y)dy] + \int_{P K'' P_0} [a(x, y)dx + b(x, y)dy] = 0$$

所以會成為，

$$\int_{P_0 K P} [a(x, y)dx + b(x, y)dy] = \int_{P_0 K' P} [a(x, y)dx + b(x, y)dy]$$

因為線積分與路徑無關，只與起點和終點有關。於是以下算式

$$a(x, y)dx + b(x, y)dy$$

可以藉由線積分所定義的函數 f 全微分，表示成以下算式，

$$df = a(x,y)dx + b(x,y)dy$$

進一步寫成

$$a = \left(\frac{\partial f}{\partial x}\right)_y, \quad b = \left(\frac{\partial f}{\partial y}\right)_x$$

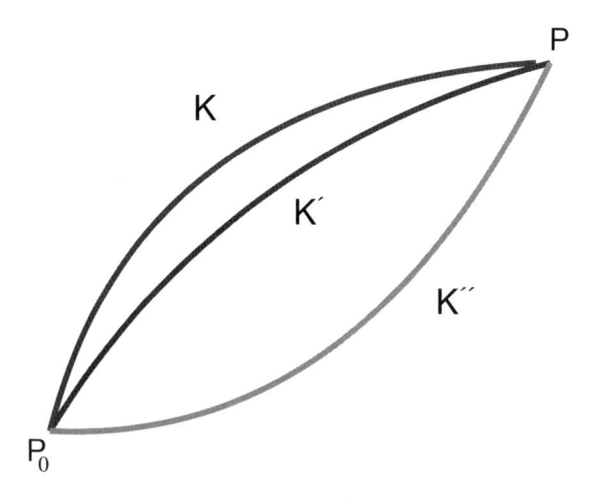

不同路徑的線積分

1.7 狀態方程式

前面曾出現過理想氣體的狀態方程式,在這裡我們來思考普通的物質。所謂狀態方程式,就是定義某種物質的壓力、體積、溫度之間關係的方程式。

如果用絕對溫度 T 來寫狀態方程式,就是

$$f(p,V) = T$$

這個方程式可以決定壓力、體積、溫度的關係,也就是說,只要決定了溫度與體積,就知道壓力。所以就是

$$p = p(T,V)$$

這裡的 p 可以由變數 T 和變數 V 決定。所以 p 就是以 T 與 V 為變數的二元函數。

我們來看看 p 的微分。因為 p 是雙變數 T 與 V 的函數,所以思考 p 的極小變化時,就必須思考 T 與 V 兩者的極小變化。依照前面的做法,可以寫成

$$dp = \left(\frac{\partial p}{\partial T}\right)_V dT + \left(\frac{\partial p}{\partial V}\right)_T dV$$

其中

$$\left(\frac{\partial p}{\partial T}\right)_V, \quad \left(\frac{\partial p}{\partial V}\right)_T$$

分別是 V 保持不變,改變 T 時的 p 的微分係數;以及 T 保持不變,改變 V 時的 p 的微分係數。像這種保持某一個變數,使其他變數改變時的微分係數,稱為**偏微分**。相較之下 dp 就稱為**全微分**。

為什麼要使用偏微分呢？因為熱平衡狀態大多取決於溫度與壓力等多重變數。所以熱平衡狀態中的許多物理量都是多變數函數。因此，當要得知物理量的變化時，就非得使用偏微分。

偏微分的關係式如下。

$$\left(\frac{\partial p}{\partial T}\right)_V \left(\frac{\partial T}{\partial V}\right)_p \left(\frac{\partial V}{\partial p}\right)_T = -1$$

這項算式非常有用，因為就如同在熱力學實驗中，即使壓力和溫度能維持一定，想要將體積維持一定則很困難。執行條件上有難易之分。如果使用上面這條算式，就可以用容易實現的條件來測量數值，去計算難以實現的條件。

比方說以狀態方程式來思考實際氣體。在實際氣體的情況下，是無法符合理想氣體的狀態方程式的。而比較接近實際氣體狀態方程式的，是**凡德瓦爾狀態方程式**。以下是 1 mol 氣體的凡德瓦爾狀態方程式。

$$\left(p + \frac{a}{V^2}\right)(V-b) = RT$$

這裡的 a 和 b 是正常數。從這個方程式可以得知，如果氣體很稀薄，體積很大，就很接近理想氣體狀態方程式。如果 p 維持不變，V 值非常大，等號左邊的 $(p + \frac{a}{V^2})$ 就近似於 p，另一方面 $(V-b)$ 則近似於 V，而成為 $pV = RT$。

是不是有些模糊？那我們就來探討凡德瓦爾狀態方程式，順便練習偏微分。

$$\left(p + \frac{a}{V^2}\right)(V-b) = RT$$

當 V 為定值，取 T 的偏微分，則 V 可以視為常數。可以寫成以下算式。

$$\left(\frac{\partial p}{\partial T}\right)_V = \frac{R}{V-b}$$

同樣地，T 為定值，取 V 的偏微分，可以寫成以下算式。

$$\left(\frac{\partial p}{\partial V}\right)_T = \frac{2a}{V^3} - \frac{p + \frac{a}{V^2}}{V-b} = \frac{2a}{V^3} - \frac{RT}{(V-b)^2}$$

利用凡德瓦爾狀態方程式,替換以上算式中第二個等號前面的 p。
於是全微分 dp 就如以下所示。

$$\begin{aligned} dp &= \left(\frac{\partial p}{\partial T}\right)_V dT + \left(\frac{\partial p}{\partial V}\right)_T dV \\ &= \frac{R}{V-b}dT + \left[\frac{2a}{V^3} - \frac{RT}{(V-b)^2}\right]dV \end{aligned}$$

若其中 p 為定值,則 $dp=0$,所以得到

$$\left(\frac{\partial T}{\partial V}\right)_p = -\frac{V-b}{R}\left[\frac{2a}{V^3} - \frac{RT}{(V-b)^2}\right]$$

如果我們注意

$$\left(\frac{\partial V}{\partial p}\right)_T = \left(\frac{\partial p}{\partial V}\right)_T^{-1} = \left[\frac{2a}{V^3} - \frac{RT}{(V-b)^2}\right]^{-1}$$

可以發現算式確實會成為

$$\left(\frac{\partial p}{\partial T}\right)_V \left(\frac{\partial T}{\partial V}\right)_p \left(\frac{\partial V}{\partial p}\right)_T = -1$$

如何?有沒有比較清楚呢?

第 1 章總結

- **熱平衡狀態**：兩個物體互相接觸，經過充分時間後不再發生變化的穩定狀態。
- **熱力學第零定律**：若物體A與物體B達到熱平衡，物體A與物體C達成熱平衡，則物體B與物體C也達到熱平衡。熱平衡推移定律。
- **壓力**：垂直於作用面，每單位面積的作用力。
- **流體靜壓力**：作用於物體所有表面，且與每一個表面垂直，每一點皆一樣大的壓力。
- **波以耳定律**：在一定溫度下，稀薄氣體的壓力乘上體積為定值。理想氣體則完全符合。
- **理想氣體**：將稀薄氣體性質理想化而成的氣體。完全符合波以耳定律。
- **絕對溫度**：以理想氣體體積所定義的溫度。單位為K（開爾文）。
- **查理定律**：在一定壓力之下，氣體體積與絕對溫度成正比的定律。
- **理想氣體狀態方程式**：$pV = R'T$
- **mol**：莫耳。物質分量單位。原子量 12 的碳 (^{12}C)，定義 1mol 的質量為 12g。
- **偏微分**：當 $z = (x, y)$，
$$\left(\frac{\partial z}{\partial x}\right)_y$$
y 保持一定值，z 對 x 變化的微分即偏微分。
- **偏微分與全微分**：當 $z = (x, y)$，全微分如下。
$$dz = \left(\frac{\partial z}{\partial x}\right)_y dx + \left(\frac{\partial z}{\partial y}\right)_x dy$$

第 2 章
熱力學第一定律

2.0 社長出奇招

從社團審查公告發布以來已經過了好幾天了⋯⋯大家依然束手無策。

嗯~好吃!如果不用排隊就能吃到這種美食,那就太棒了說⋯⋯

狂吃猛吃

真想每天都吃幾個啊!

碰

有了!

終於想到了⋯⋯別以為我這社長是裝飾品啊!

咦?社長到底想做什麼啊?

瑛美,妳還有別的事要做對吧?

啊?

剛好益永老師也在,先去學熱力學吧!

再吃一個⋯⋯

啊!

好!我馬上去!

咚咚咚

抓

啊 我的泡芙~

瑛美,加油喔!

51

2.1 功與能量

益永研究室
雖然我還想多吃幾個泡芙，但是有更重要的事情該做。
因爲我得把剛剛吃下去的熱量消耗掉啊。
老師……？
……好。
我們就來傳接球吧！
轉身
那個……熱力學跟傳接球有什麼關係呢……？
當然有！因爲今天要講解的
熱力學第一定律，就是「能量守恆定律」啊！
拋
能量守恆定律？
接

力學的能量守恆定律
（動能）＋（位能）＝一定值

就算不上熱力學，這我也知道啊！

就是這樣。

由靜到動 初速為零
三者的初始位能都一樣大

相同高度

斜坡　陡坡　彎曲面

下到最底端，所有位能都變成動能

剛開始的位能相同，所以三者動能都一樣大速度都一樣快

能量不是隨便出現又隨便消失的東西，所有能量的總量都保持恆定。這就是能量守恆定律。

那麼！

咦咦!?「能量」

投出

妳能說明「能量」和「功」嗎？

還有「功」!?

來簡單複習一下吧！

要投囉！
扔
當手對球施加力 F，沿著施力方向推出距離 s，
手對球做的「功」就是 $F \cdot s$！
投出去的球，被手做了多少功，就有多少能量。
・速度 0
・動能 0
・速度 v
・動能 $\frac{1}{2}m\mathbf{v}^2$
F
F
s
功 $W = F \cdot s$
$\frac{1}{2}m\mathbf{v}^2 = W$
反之，用手套接住球的時候，
手對球作功
就是球對手套「作功」。
球對手套作功
F
F
s
功 $W = F \cdot s$

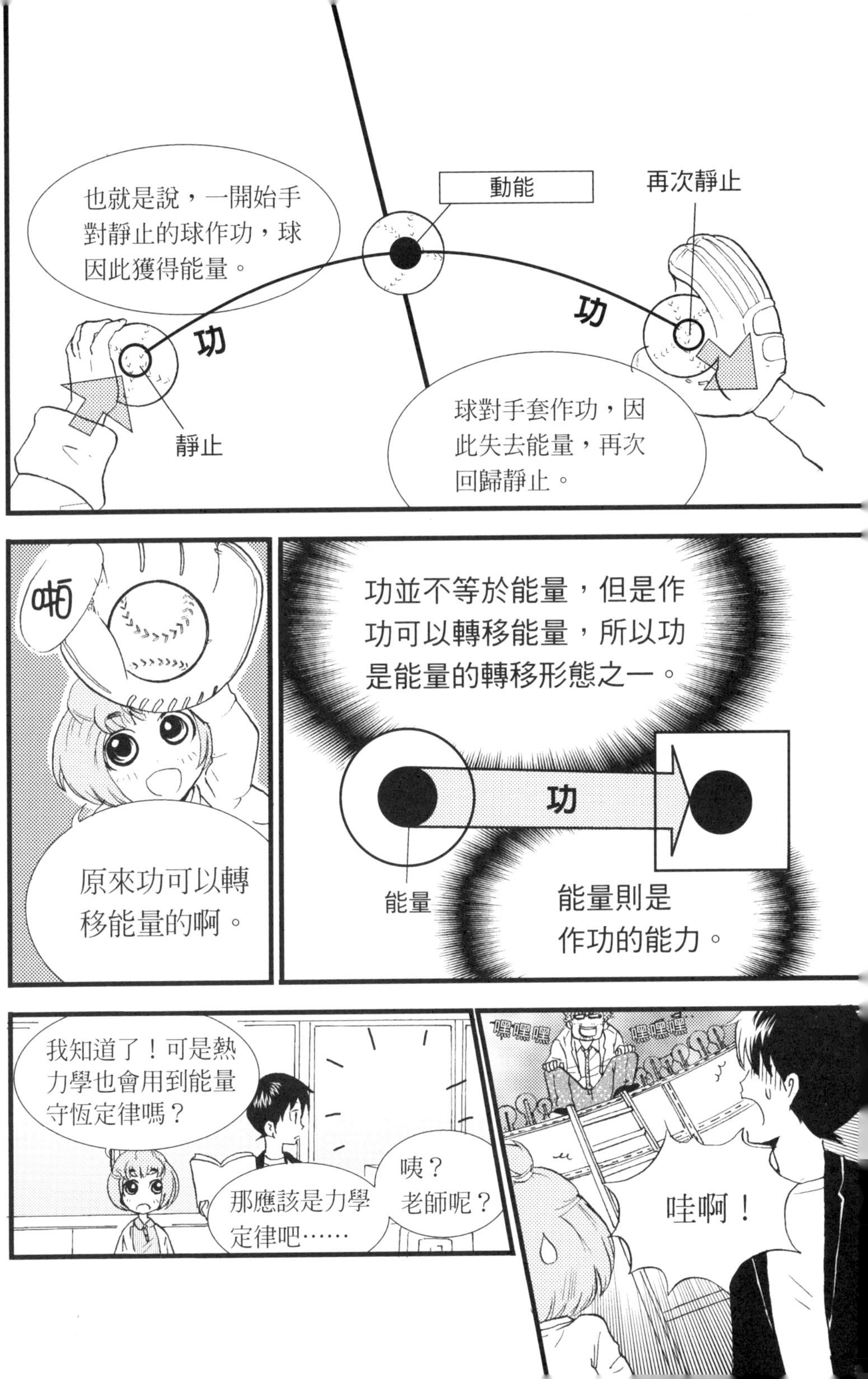
也就是說，一開始手對靜止的球作功，球因此獲得能量。
動能
再次靜止
功
功
靜止
球對手套作功，因此失去能量，再次回歸靜止。
啪
原來功可以轉移能量的啊。
功並不等於能量，但是作功可以轉移能量，所以功是能量的轉移形態之一。
功
能量
能量則是作功的能力。
我知道了！可是熱力學也會用到能量守恆定律嗎？
那應該是力學定律吧……
咦？老師呢？
嘿嘿嘿
嘿嘿嘿
哇啊！

沒錯，直接
用是不行。
拿
力學的能量守恆定律是
（動能）＋（位能）＝一定值
沒錯吧？
放手
啊！
蘋果掉了！
碰
啊呀！
好過分喔！怎麼可
以浪費食物呢！
嘎嘰……
這樣一來，原本
的動能跟位能都
變爲零了。
咦？

但是能量應該要守恆，
那麼能量到底跑哪去了呢？
!!
對喔！到底跑哪去了啊？
用力學的能量守恆，就無法解釋這種現象。
那不就……
所以重點就轉爲**熱與內部能量**了！
用動能、位能、熱、內部能量來思考能量守恆，就是熱力學第一定律啦！

2.2 絶熱壁

熱？內部能量？……
那到底是什麼啊？
那就是……
小聲
還不能講的東西。
跌倒
等等再說
在這之前，村山
要先看這個！
空箱子？
是箱子沒錯。
熱力學經常會
探討箱子。
為了簡化過程，
用箱裡箱外來區
分各種事物。
箱子裡會裝入
某種物質。
這就叫做「**系統**」。
系統？

這裡說的系統，就是某種特定物質的集合。
太陽系
比方說生態系，甚至太陽系，都是系統！用系統來區分系統內與系統外。
生態系
壁
系統
外界
現在我們把箱子裡稱爲系統，
箱子外稱爲外界。而區分系統與外界的就是壁。
問題來了！妳想想有什麼方法可以從容器外影響裡面的物質呢？
呃……啊！直接施力嗎？
沒錯！這是方法一，直接從外部施力，就像推動活塞、用攪拌器打蛋之類的。
也可以用磁鐵吸引吧。
對！方法二，利用磁鐵等遠距作用力，從容器外移動物質！

轟隆

絕熱壁內

如果除了這兩種方法之外，都無法影響容器內部狀況，這個容器的壁就稱為**絕熱壁**。

這就是絕熱壁的定義啦！

在絕熱壁所包圍的容器內如果發生變化，就稱為**絕熱變化**或**絕熱過程**。

順便一提，不屬於絕熱過程的有這些現象。

在水壺裡裝水，用瓦斯爐燒開水。

水的溫度會上升。

把冰塊放進塑膠袋，捧在手心上。

冰塊會慢慢融化。

2.3 熱力學第一定律

除了從外部作功之外，
就無法影響容器內部，
那就是絕熱壁，
碰
絕熱壁之中的變化
就叫絕熱過程啊。
嘿嘿嘿
我說
村山同學啊，
接下來就是
第一定律啦！
微笑
咦咦!?
老師！
你都還沒有告訴我
熱是什麼，就要教
第一定律了嗎!?
跑跑
喔喔，差點
忘了呢。
呼
但是
我一樣能教妳
第一定律。
笑
因為這是
用不到熱的
第一定律！
咦!?用不到熱
的第一定律!?

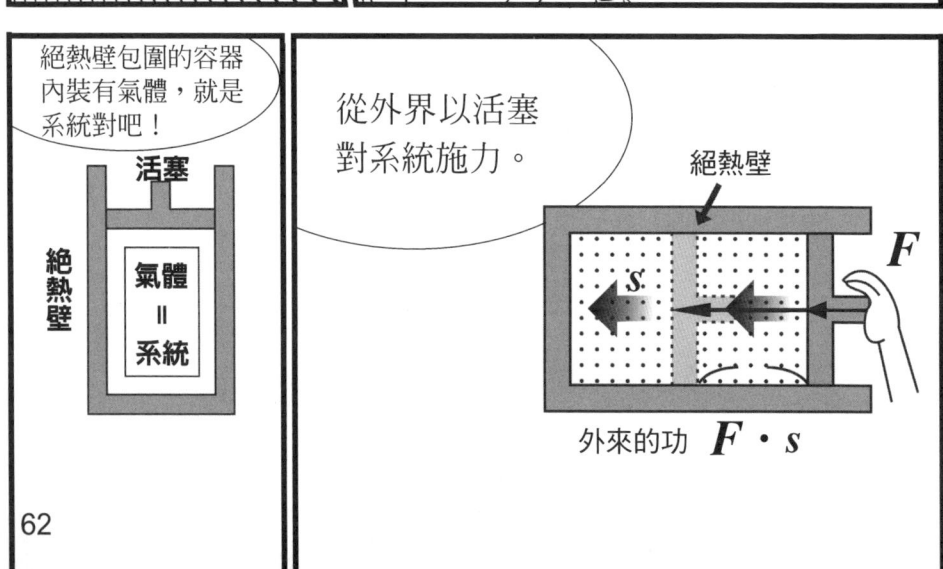

熊熊燃燒

好燙

第一定律和後面的第二定律，不只是推動引擎的定律，也可以說是自然界的基本定律！

爆〜〜

不學這些還有什麼好學的啊！

那到底是什麼定律啊？

要用到這個！

絕熱壁!!

指

從在絕熱壁所包圍的容器裡裝入氣體，然後推動活塞，壓縮氣體的實驗來思考。

絕熱壁包圍的容器內裝有氣體，就是系統對吧！

活塞

絕熱壁

氣體
＝
系統

從外界以活塞對系統施力。

絕熱壁

s

F

外來的功 $F \cdot s$

62

於是外來的力量就對系統作功。
功
氣體
狀態A
狀態B
如果氣體壓縮前和壓縮後的狀態都一樣，
啊！外界對氣體做的功也就一樣！對吧？
功
A
B
從狀態 A
變成狀態 B
沒錯！
正確答案！
唰
這就是
熱力學第一定律！

熱力學第一定律（不使用熱的表現）

某個系統從某個平衡狀態經過絕熱過程成為另一個平衡狀態時，無論絕熱過程如何，來自系統外的功總量都為定值。

這條定律告訴我們，系統從A平衡狀態經過絕熱過程抵達B平衡狀態的話，無論這個過程如何改變，外來的功總量都一樣！

這是長久以來從無數的實驗結果所導出來的定律……也就是經驗法則。

狀態A經由絕熱過程成為狀態B時，功的量只有一個定值。

所以從狀態A到狀態B，無論是經由哪條路徑，功的量都為定值。

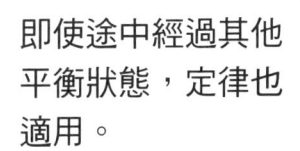

即使途中經過其他平衡狀態，定律也適用。

從 A 到 B 之絕熱變化所需的功，與途中路徑無關，僅等於終點 B 與起點 A 的能量差。

從 A 到 B 的絕熱變化中，所需的功與路徑無關，所以 $W_{A \to B} = W_{A \to C} + W_{C \to B}$ 成立。

從基礎的平衡狀態 A 經歷絕熱變化抵達某個平衡狀態時，所需的功就定義為該狀態的**能量**。符號為 U。

於是可寫成 $W_{C \to B} = U_B - U_C$。

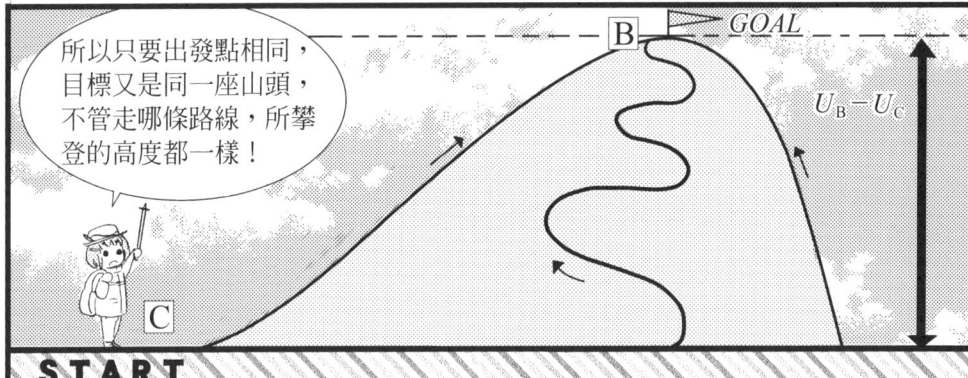

所以只要出發點相同，目標又是同一座山頭，不管走哪條路線，所攀登的高度都一樣！

GOAL

$U_B - U_C$

如果以登山來舉例，U_B、U_C 分別是 B 點、C 點的標高，$W_{C \to B} = U_B - U_C$ 則是從 C 點爬到 B 點的高度差，代表必須攀登的高度。
這時候基準點 A 就等於海平面。

這跟剛才說的內部能量有什麼關係呢？

66

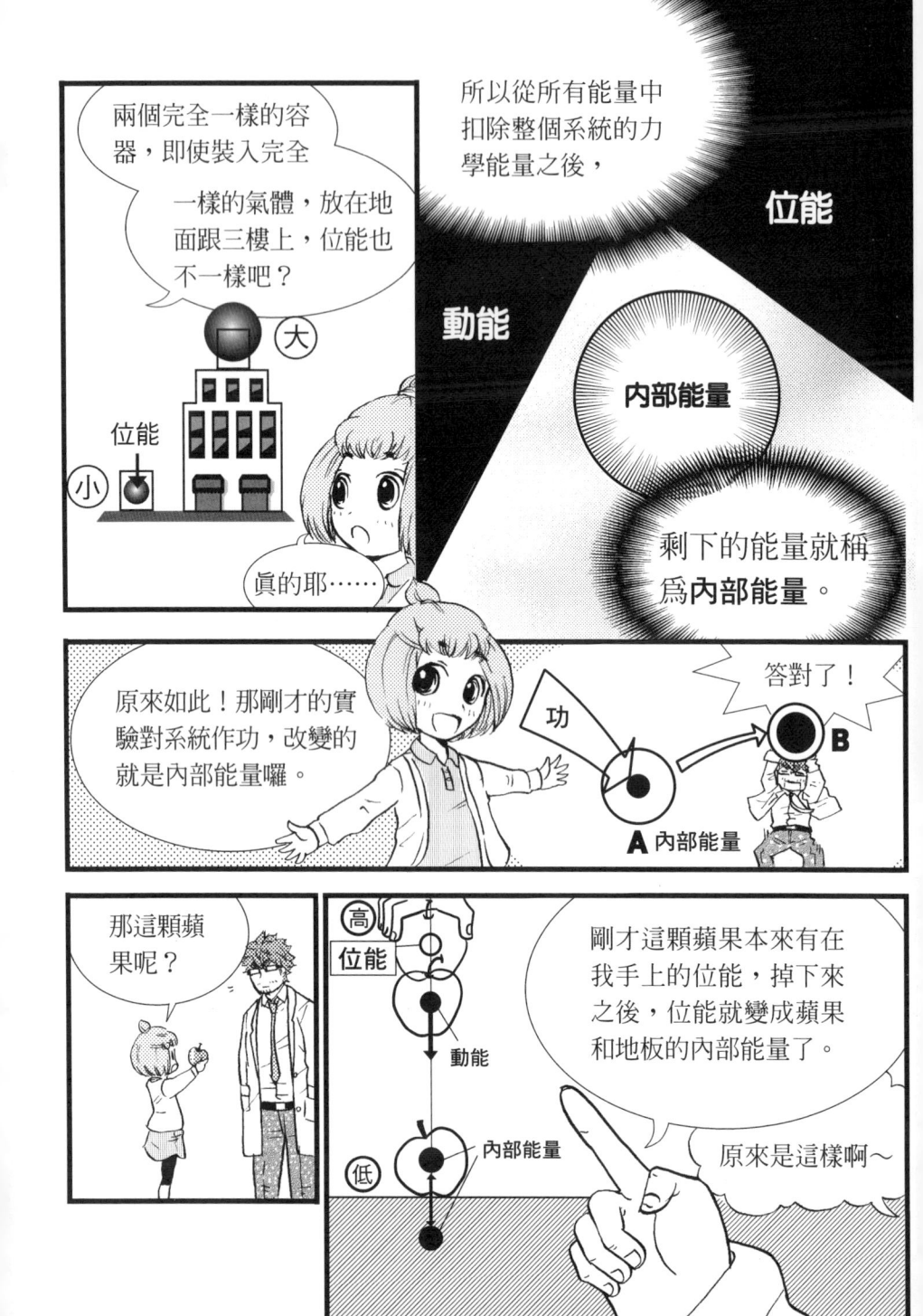

2.4 熱是什麼？

唔～～
村山竟然這麼認眞！
不安
怎麼了村山……
有哪裡不懂的，
我偷偷教妳吧？
嗯~
就是啊……
熱到底是什麼
來著？
跌倒
熱力學都已學到
這裡了還問！
因爲我就還沒
學到啊！
溫
度
沒錯！
一般我們說的
熱，並不是熱力
學的「熱」，而
是「溫度」！
我們感覺的熱，
其實是「溫度」
對吧？
!!
熱的想像圖
其實熱和溫度
不一樣喔。

模糊不清的熱……要怎麼定義它呢？

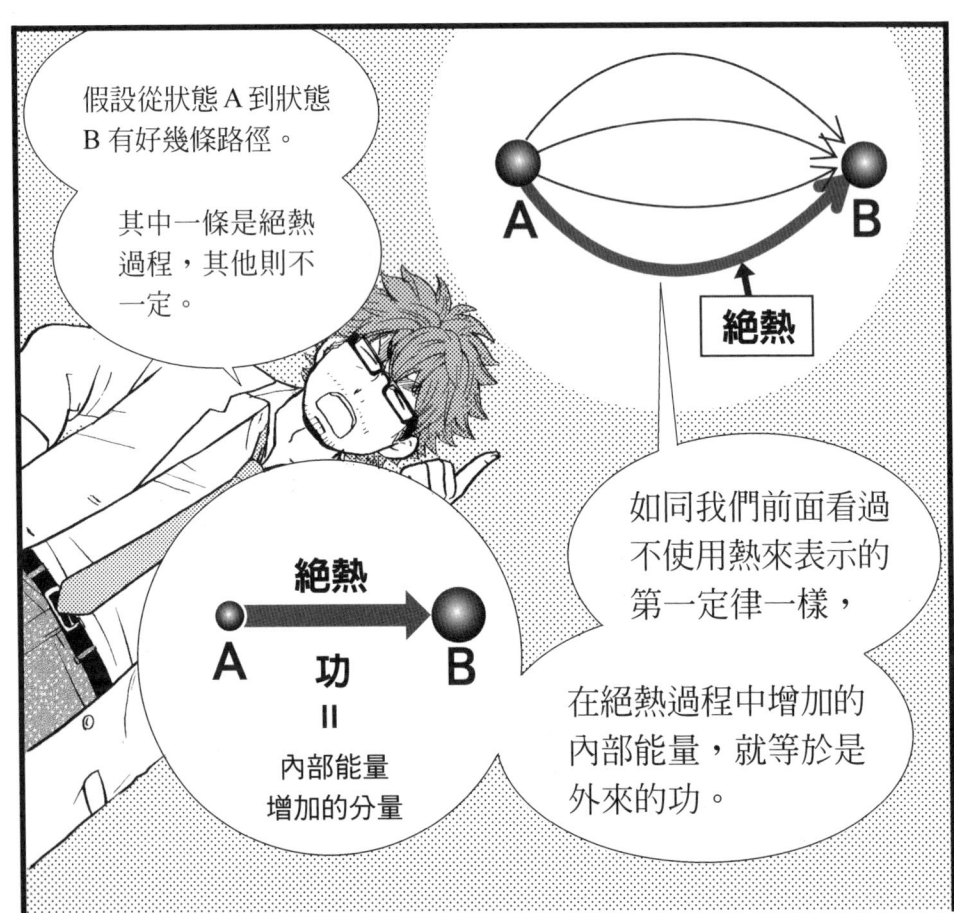

沒問題！我都準備好了！

現在就來定義熱吧！

假設從狀態A到狀態B有好幾條路徑。

其中一條是絕熱過程，其他則不一定。

絕熱

如同我們前面看過不使用熱來表示的第一定律一樣，

在絕熱過程中增加的內部能量，就等於是外來的功。

A 絕熱→ B
功
＝
內部能量增加的分量

但是！如果過程不是絕熱過程，
功
=
內部能量增加的分量
外來的功就不一定遵守這個原則了。
如果不是絕熱過程，內部能量的變化會比外來的功更多？
功
對喔！外界的熱會跑到容器裡面！
沒錯！熱和功一樣，都是一種能量移動形態。所以熱和功都無法保存。
跑啊跑
等一下～
飄～
也就是說，如果不是絕熱過程，從狀態 A 變成狀態 B 的時候，
內部能量的增加等於外界作功與外界熱的總和！
而這就是熱的定義了！
啊！

我們用熱的定義，再說明一次熱力學第一定律吧！
熱力學第一定律（使用熱來表現）
某個系統從某個平衡狀態變為另一個平衡狀態時，來自系統外的功與熱總和，等於系統內部的能量增量，並且不受過程路徑影響。
把前面整理起來就是這樣了。
是喔，所以只要發生熱的移動，就不算絕熱過程了。
絕熱壁
咳咳
正確來說是
溫度變高了
所以提到「熱」，一定是說它的移動。
功
熱
兩者都會移動
咦？
等一下，
熱和功都是能量移動形態，兩者有什麼關係呢？
那接下來就看看熱與功的關係吧！
好！

加藤的特別講座③

熱力學第一定律可以寫成下面的式子。

$$U_B - U_A = Q + W$$

從這個式子來看，狀態A變成狀態B的時候，內部能量的增量只增加 $U_B - U_A$。這可以視為是外來功 W 與熱 Q 的移動。同時也表示外來的功與熱的和不受路徑影響，都維持定值。

假設狀態A與狀態B非常接近，內部能量的極小差可以寫成以下的式子。

$$U_B - U_A = dU$$

另一方面，功與熱的極小量分別寫成 $d'W$ 和 $d'Q$。請注意 W 與 Q 的極小量 d' 要加上 $'$ 符號。U 是狀態函數，所以極小量 dU 可以寫成兩個極接近的點的函數值差值，也就是全微分。但是 W 和 Q 並不是狀態函數，沒有極小量的全微分。所以使用 $d'W$ 和 $d'Q$ 來加以區分。也就是說，dU 是全微分，但 $d'W$ 和 $d'Q$ 則不是全微分。把 $U_B - U_A = W + Q$ 代入極小量，就變成

$$dU = d'W + d'Q$$

所以**熱和功雖然都不是全微分，但兩者的和就是內部能量的全微分**。

2.5 焦耳實驗

從這個實驗就可以知道熱與功的關係！
唰
咦！這什麼
砝碼
水槽
葉片水車
砝碼
焦耳實驗裝置！
容器中插入了攪拌器，把手部分捲著細線。
以絕熱壁構成的裝水容器。
細線通過滑輪，前端懸吊重物。
當我們放開實驗裝置的砝碼，
光是葉片轉動就會升溫了嗎？
砝碼的重力會把細線往下拉，帶動攪拌器葉片旋轉，攪拌容器中的水，所以水會因爲摩擦而升溫。
因爲這個實驗的熱完全不會外漏，所以辦得到。
於是砝碼的重力作功，讓水溫上升！

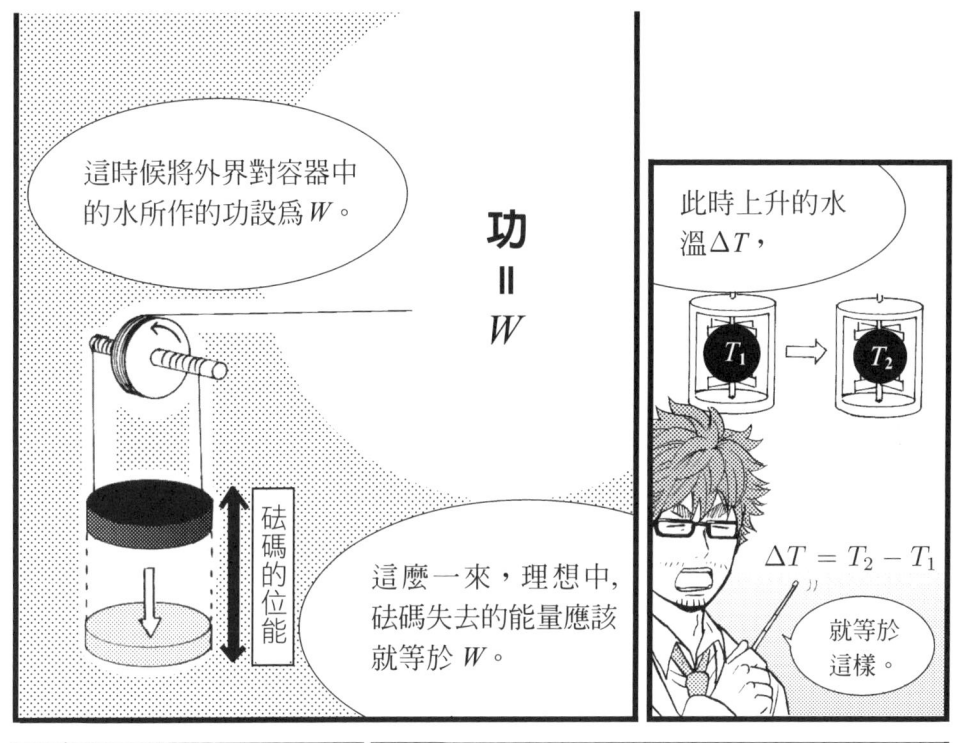

這時候將外界對容器中的水所作的功設為 W。

功 = W

砝碼的位能

這麼一來,理想中,砝碼失去的能量應該就等於 W。

此時上升的水溫 ΔT,

$\Delta T = T_2 - T_1$

就等於這樣。

接著拿走絕熱壁,從外界加熱,來達到相同的狀態變化。

$T_1 \to T_2$

熱

電熱器

假設從外界進到容器內的熱為 Q,那麼 Q 就與上升溫度 ΔT 成正比。

$Q = C\Delta T$

C 是什麼啊?

熱容量

C 就是**熱容量**！

即物體升高一單位溫度所需的熱量。假設該物體的質量為 m，熱容量 c 與 m 成正比，可寫成 C＝cm。

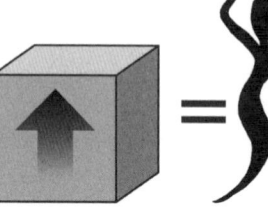

使某物體溫度上升 1K 所需的熱量

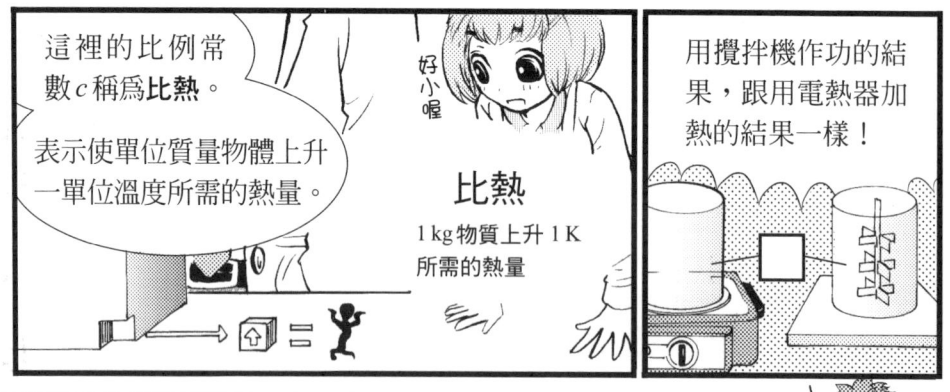

現在又是 c 了……

C → c

這裡的比例常數 c 稱為**比熱**。

表示使單位質量物體上升一單位溫度所需的熱量。

好小喔

比熱

1 kg 物質上升 1K 所需的熱量

用攪拌機作功的結果，跟用電熱器加熱的結果一樣！

如果內部能量的增量為 ΔU，就可以寫成

$$W = Q = \Delta U$$

功　熱

這就是熱與功的等價性！

熱和功都是內部能量的增量喔！

益永的特別講座
～水的比熱～

根據實驗結果，水的比熱大約是 4.19×10^3 J/kg/K。

以往是以卡（cal）來表示熱量（1 g 的水上升 1K 所需的熱量為 1 cal），cal 與 J（焦耳）的關係是 1 cal ≒ 4.19 J！這就是熱功當量！

2.6 準靜過程

村山,我拿點心來囉〜。

哇!謝謝!!等等,正中午要吃關東煮嗎!?真是太強了……(還是照吃不誤)

沒有啦,社長突然就說「想吃好吃的關東煮!」所以就忙著做出來了……只是不知道煮得好不好吃啦。

是喔……我覺得還挺好吃的啊……(呼呼〜好燙……)

這很燙的,小心別燙到啊。其實應該用陶鍋悶個一晚,再慢慢降溫的,這樣會比較入味。

沒錯!
關東煮就是要入味才好吃啊……!

是啊。熱力學也是一樣的道理喔。

咦?吃點心還要讀熱力學啊……

沒差啦。

75

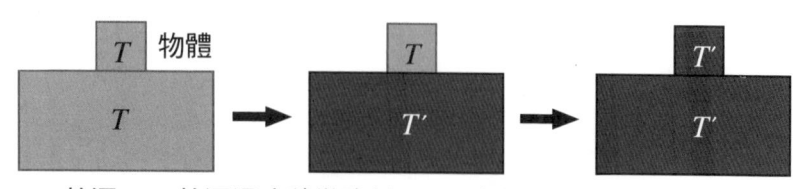

熱源　熱源溫度稍微降低　經過充分時間

維持接近熱平衡之狀態的細微溫度變化

🧑 我們來看看物體溫度慢慢下降的情況吧。先在容器裡放入物體，然後假設容器為**透熱壁**（不是絕熱壁的壁面）。

👧 熱可以透過去，所以叫透熱壁啊。

🧑 另外再準備一個非常大的容器，裝入大量溫度 T 的水，然後讓裝有物體的容器以透熱壁與大容器接觸。經過充分時間之後，兩者就會達到熱平衡了。如果接觸物體的水非常多，熱容量就非常大，就算物體的熱量轉移到水中，水溫 T 也幾乎不變。這時候我們就說大量的水是**熱源**，或是有**熱浴**的效果。

👧 喔喔，是熱源啊。

🧑 假設熱源從溫度 T 變成稍微低一點點的溫度 T'。那麼經過充分時間之後，物體溫度也會變成 T'。只要重覆這樣的步驟，就可以保持接近熱平衡的狀態，同時慢慢降低溫度，這個過程稱為**準靜過程**。

> 準靜過程的條件
> 1. 系統狀態極為接近熱平衡狀態，且連續發生變化。
> 2. 狀態變化之路徑上的每個狀態，都可以反向回溯。

🧑 （咀嚼）而且還有所謂的**非靜過程**喔！（咀嚼）

哇！連老師也在吃！
但是準靜過程不是非——常花時間嗎？

沒錯，所以自然界不可能實現準靜過程，但是在熱力學世界中經常以準靜過程來討論問題，所以要記住喔。
提到準靜過程一定要知道，只有單純的緩慢變化，不足以稱為準靜過程喔。

嗯？什麼意思啊？

比方說不同溫度的金屬接觸在一起，熱量會移動，經過長時間就會達到熱平衡。物體本身不動，只有熱從高溫側往低溫側移動，這種現象稱為**熱傳導**。金屬與金屬接觸的時候，熱傳導速度很快，但是塑膠、空氣等物質的熱傳導就非常慢。

啊！沒錯！金屬很容易導熱！

嗯。熱傳導的速度取決於物質的性質，所以只要選對物質，熱傳導的速度就會非常慢。但是互相接觸的兩種物質溫度並不相同，離熱平衡狀態還很遠，而且過程也無法回溯。所以這種過程就不能稱為準靜。只有兩個物體溫度差趨近無限小的狀態下，熱傳導才能稱為準靜過程。

……總之就是不可能實現囉……。

嗯，就是這樣啦。

77

2.7 流體靜壓力

我們來看看受到流體靜壓力的物體,會有什麼準靜體積變化。

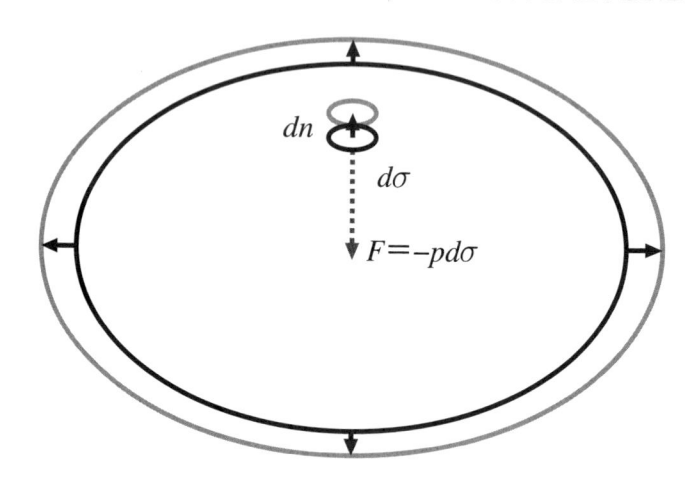

流體靜壓力的準靜體積變化

請看上面的圖。假設物體表面的極小面積是 $d\sigma$,往其法線方向的極小移動量設為 dn。定義 dn 之方向,從物體內部看去,往外為正。極小面積 $d\sigma$ 受到由外往內的力 $pd\sigma$,而做出反向的移動 dn。所以外界對極小面積作的功就是 $-pd\sigma dn$。對此進行全表面積分,就成為以下算式。

$$d'W = -\int pd\sigma dn = -p\int d\sigma dn = -pdV$$

在此我們所設的條件為,表面所有位置的壓力 p 皆相同,故極小面積 $d\sigma$ 乘上法線方向向外之形變 dn 後,再對表面積做積分的結果為物體體積 V 的極小變量 dV。使用熱力學第一定律的 $dU = d'Q + d'W$,即得到流體靜壓力的第一定律如下。

$$dU = d'Q - pdV$$

熱力學常常探討流體靜壓力,所以往後會經常用到這個算式。

2.8 比熱

當物質接受外界來的熱量，溫度就會改變。上升單位溫度所需的熱量稱為**熱容量**。而單位質量的熱容量稱為**比熱**。為了方便說明，以下使用單位質量的物質來做說明。如此一來，熱容量就等於比熱。假設流入物質的熱量為 $d'Q$，比熱 c 就可寫成以下算式。

$$c = \frac{d'Q}{dT}$$

再看看熱力學第一定律

$$d'Q = dU + pdV$$

並假設我們可以自由控制溫度 T 與體積 V。

像這樣可以自由決定的變數稱為**參數**。只要決定這兩個參數，就能決定物質的熱平衡狀態。壓力和內部能量是狀態函數，因此可以看成是 T 與 V 的函數。所以就是

$$p = p(T, V), \quad U = U(T, V)$$

U 的全微分 dU 可以寫成

$$dU = \left(\frac{\partial U}{\partial T}\right)_V dT + \left(\frac{\partial U}{\partial V}\right)_T dV$$

將這個算式代入之前的 $d'Q = dU + pdV$ 後，就可以改寫為

$$d'Q = \left(\frac{\partial U}{\partial T}\right)_V dT + \left\{\left(\frac{\partial U}{\partial V}\right)_T + p\right\} dV$$

接著兩邊都除以 dT，則比熱 c 如下。

$$C = \left(\frac{\partial U}{\partial T}\right)_V + \left\{\left(\frac{\partial U}{\partial V}\right)_T + p\right\} \left(\frac{dV}{dT}\right)_{過程}$$

在此

$$\left(\frac{dV}{dT}\right)_{過程}$$

是思考過程中的溫度變化造成的體積變化率。這個項目取決於過程內容，而且比熱與過程有關。我們來探討幾個具體的過程。

- 定容變化

　　在體積維持一定狀態下的變化，稱為**定容變化**。此時的比熱稱為**定容比熱**。由於 $dV = 0$，所以定容比熱 C_V 可以寫成

$$C_V = \left(\frac{\partial U}{\partial T}\right)_V$$

- 定壓變化

　　在壓力維持一定的狀態下產生的變化，稱為**定壓變化**。此時的比熱稱為**定壓比熱**。可以寫成 p 固定之偏微分，如下。

$$\left(\frac{dV}{dT}\right)_{過程} = \left(\frac{\partial V}{\partial T}\right)_p$$

在 p 固定之狀態下將狀態方程式 $p = p(T, V)$ 做偏微分，即可得到結果。所以定壓比熱可以寫成定容比熱＋附加項目，如下。

$$\begin{aligned} C_p &= \left(\frac{\partial U}{\partial T}\right)_V + \left\{\left(\frac{\partial U}{\partial V}\right)_T + p\right\}\left(\frac{\partial V}{\partial T}\right)_p \\ &= C_V + \left\{\left(\frac{\partial U}{\partial V}\right)_T + p\right\}\left(\frac{\partial V}{\partial T}\right)_p \end{aligned}$$

- 等溫變化

　在溫度維持一定的狀態下產生變化，稱為**等溫變化**。此時 $dT = 0$，無法求出比熱，流入系統的極小熱量與物質的極小體積變化成正比，如下。

$$d'Q = \left\{\left(\frac{\partial U}{\partial V}\right)_T + p\right\}dV$$

- 絕熱變化

　絕熱變化中的 $d'Q = 0$。比熱為零，故以下關係式成立。

$$\begin{aligned}0 &= \left(\frac{\partial U}{\partial T}\right)_V + \left\{\left(\frac{\partial U}{\partial V}\right)_T + p\right\}\left(\frac{dV}{dT}\right)_{絕熱} \\ &= C_V + \left\{\left(\frac{\partial U}{\partial V}\right)_T + p\right\}\left(\frac{dV}{dT}\right)_{絕熱}\end{aligned}$$

2.9 理想氣體的自由膨脹

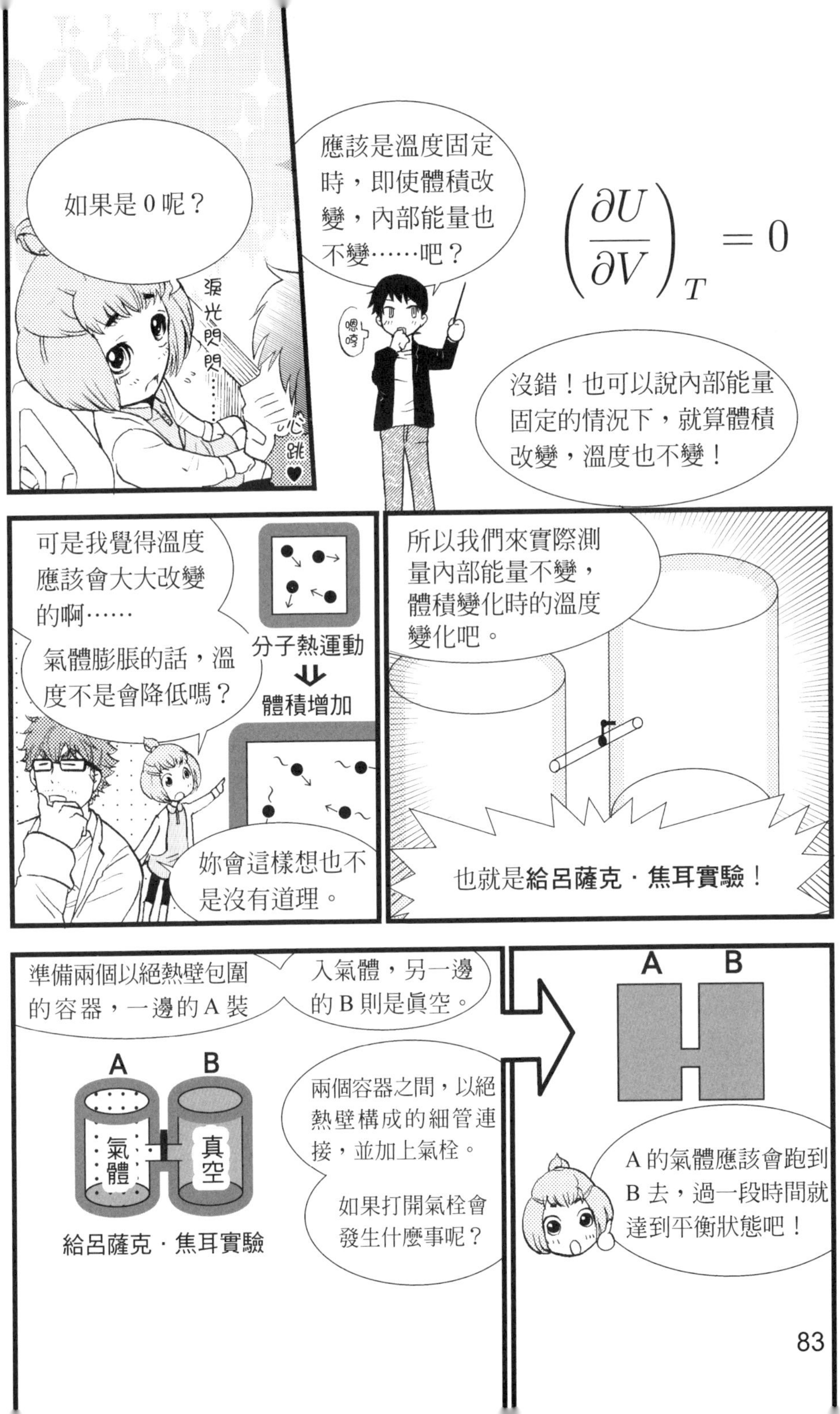
如果是 0 呢？
淚光閃閃……
心跳♥
應該是溫度固定時，即使體積改變，內部能量也不變……吧？
嗯哼
$$\left(\frac{\partial U}{\partial V}\right)_T = 0$$
沒錯！也可以說內部能量固定的情況下，就算體積改變，溫度也不變！
可是我覺得溫度應該會大大改變的啊……
氣體膨脹的話，溫度不是會降低嗎？
分子熱運動
體積增加
妳會這樣想也不是沒有道理。
所以我們來實際測量內部能量不變，體積變化時的溫度變化吧。
也就是給呂薩克．焦耳實驗！
準備兩個以絕熱壁包圍的容器，一邊的 A 裝
入氣體，另一邊的 B 則是眞空。
A
B
氣體
真空
給呂薩克．焦耳實驗
兩個容器之間，以絕熱壁構成的細管連接，並加上氣栓。
如果打開氣栓會發生什麼事呢？
A
B
A 的氣體應該會跑到 B 去，過一段時間就達到平衡狀態吧！

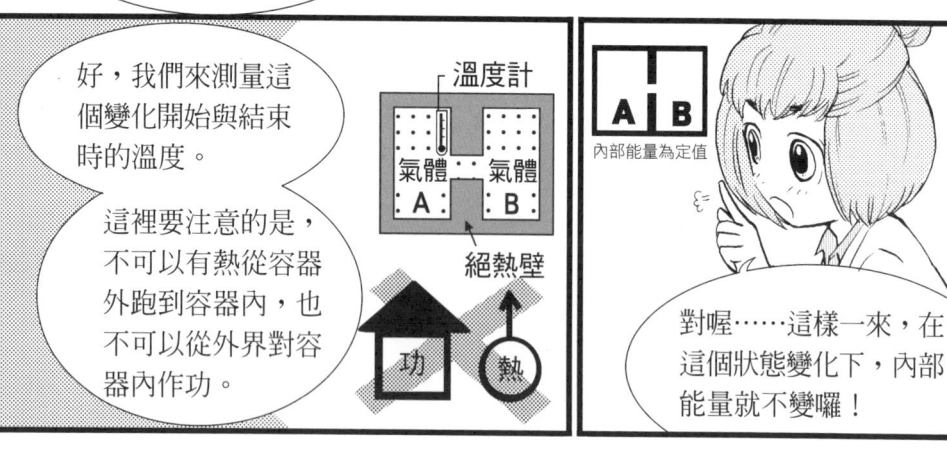

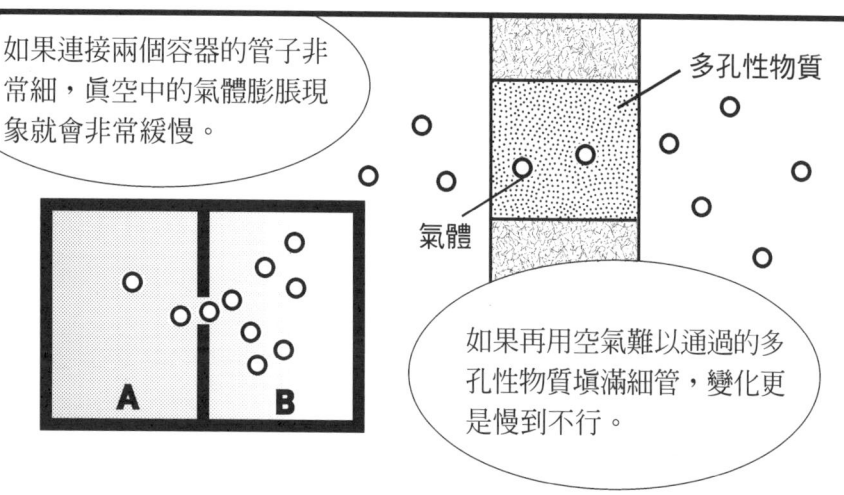

對！這就是**氣體的自由膨脹**！

好，我們來測量這個變化開始與結束時的溫度。

這裡要注意的是，不可以有熱從容器外跑到容器內，也不可以從外界對容器內作功。

對喔……這樣一來，在這個狀態變化下，內部能量就不變囉！

如果連接兩個容器的管子非常細，真空中的氣體膨脹現象就會非常緩慢。

如果再用空氣難以通過的多孔性物質填滿細管，變化更是慢到不行。

問題來了！這個過程是準靜過程嗎？
系統
A
B
因爲壓力不爲定值，所以大大偏離熱平衡狀態。
A
B
壓力
高
壓力
低
膨脹過程中，力量無法保持平衡＝不為熱平衡狀態
氣體從高壓處
往低壓處流動
單行道，不為準靜
而且也不能回溯，所以不是準靜過程！
實驗結果出來了！
轉圈
轉圈
轉圈
A
B
內部能量為定值
體積增加
溫度變化極小
以稀薄氣體做實驗，發現溫度變化相當小，而且氣體越稀薄，溫度變化越小。
這裡來探討一下理想氣體的自由膨脹吧。
鏘
咦？**理想氣體**？
理想氣體，就是把稀薄氣體性質理想化的氣體啊。
唰
好！我要仔細說明了！
那會怎樣呢？

以給呂薩克・焦耳實驗測量稀薄氣體的溫度變化，結果非常微小。不過以日常感覺來說，或許溫度下降非常明顯。我想，應該有人聽說過氣體膨脹，溫度就會下降。但是實驗結果證實，稀薄氣體自由膨脹時，溫度變化非常的小。所以我們來探討一下**理想氣體的自由膨脹**吧。理想氣體，就是將稀薄氣體的性質理想化而成的，所以做為**理想氣體性質之一，就是將自由膨脹下的溫度變化假定為零**。

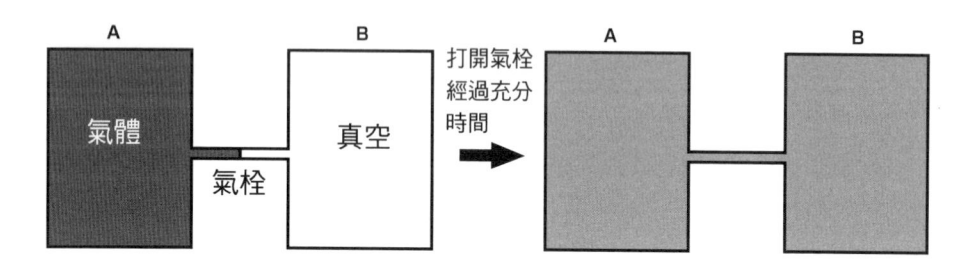

給呂薩克・焦耳實驗

　　於是從以上討論可以得到以下結果。

$$\left(\frac{\partial U}{\partial V}\right)_T = 0$$

以下式子是以 dT 與 dV 來描述 $d'Q$，

$$d'Q = \left(\frac{\partial U}{\partial T}\right)_V dT + \left\{\left(\frac{\partial U}{\partial V}\right)_T + p\right\} dV$$

將這結果代入以上算式，即得以下結果。

$$d'Q = C_V dT + pdV$$

接著，來思考 1 mol 的理想氣體吧。理想氣體狀態方程式如下。

$$pV = RT$$

其中R為氣體常數。將此算式微分後，就成為

$$Vdp + pdV = RdT$$

用這個算式，將$d'Q = C_v dT + pdV$中的dV消去後，則成為

$$d'Q = (C_V + R)dT - Vdp$$

1mol的熱容量稱為**莫耳比熱**。現在的探討對象是1 mol的理想氣體，所以C_V就是定容莫耳比熱。以定壓變化來說，$dp = 0$，所以可知定壓莫耳比熱C_p如下。

$$C_p = C_V + R$$

這稱為**梅耶關係式**。

若考慮理想氣體的絕熱變化，則$d'Q = 0$，所以有以下結果。

$$0 = C_V dT + pdV = \frac{C_p}{R}pdV + \frac{C_V}{R}Vdp$$

其中使用了$RdT = pdV + Vdp$和$C_p = C_V + R$。因此，以下式子成立。

$$\frac{C_p}{C_V}\frac{dV}{V} + \frac{dp}{p} = 0$$

在此假設定壓莫耳比熱與定容莫耳比熱的比值為γ。即，

$$\gamma = \frac{C_p}{C_V} = 1 + \frac{R}{C_V}$$

若假設γ為一定值，就可以將$\frac{C_p}{C_V}\frac{dV}{V} + \frac{dp}{p} = 0$加以積分，變成

$$pV^\gamma = 常數$$

這個關係稱為**普瓦松定律**。

$C_p = C_V + R$中的C_V和R都為正數，所以$\gamma > 1$。請務必了解這個方程式的推導過程。

第 2 章總結

- **絕熱壁**：(1)移動壁本身，或者(2)使用具有遠距作用力之物體，從容器外影響容器內；除了這兩種方法以外都無法影響容器內的話，容器之壁稱為絕熱壁。以絕熱壁包圍之容器內所發生的狀態變化，稱為絕熱過程。
- **熱力學第一定律（不用「熱」的表現）**：當狀態變化以絕熱過程進行時，外界對系統作的功不受絕熱過程路徑影響，皆保持一定值。
- **內部能量**：從基準狀態經歷絕熱過程到其他狀態時，所需作的功稱為能量。從總能量中扣除整個系統的動能與位能，其餘則為內部能量。
- **熱**：當狀態變化以非絕熱之一般過程進行時，從內部能量之增量中，扣除目標過程所需之功，其餘即為來自系統外的熱。
- **熱力學第一定律（使用「熱」的表現）**：在狀態變化中，來自外界的功與熱總和，不受路徑影響，皆等於內部能量之增量。
- **焦耳實驗**：表示熱與功之等價性的實驗。由此實驗得知熱功當量為 1 cal≃4.19J。
- **準靜過程**：當系統狀態符合(1)連續且無限趨近熱平衡之狀態，(2)狀態變化路徑可回溯兩項條件時，即稱此變化為準靜過程。
- **流體靜壓力作功**：對準靜的極小體積變化作功 $d'W = -pdV$。
- **比熱・熱容量・莫耳比熱**：使物體溫度增加單位溫度所需的熱量，稱為熱容量。單位質量的熱容量稱為比熱。每 1 莫耳的熱容量稱為莫耳比熱。
- **給呂薩克・焦耳實驗**：此實驗證明稀薄氣體的自由膨脹，所造成的溫度變化非常小。由此結果，可推論理想氣體之內部能量僅受溫度影響。

第 3 章
熱力學第二定律

3.0 追尋復原的定律

一週之後——
碰
各位辛苦了！
……咦？怎麼……？
一個人都
有啊……？
我還想找大家一起去吃午餐，特地跑來的說……
咕嚕～
飄香～～
……好香喔
東張
哎呀～眞是太好啦，社長！

要提交給學校的資料終於完成了！
興高
采烈
當然啦！你以為我是什麼人啊？
哈哈哈，眞不愧是社長。
連加藤也抓來幫忙，對不起囉。你還得看著瑛美唸書吧？
我沒幫上什麼忙啦。都是社長熬夜奮鬥的結果。
也是啦。不過要多虧瑛美給了我靈感呢。
啊？
我拿點心來了～
都是那天的點心，才給我這個靈感。要感謝瑛美才行喔。
那可是我花了三天三夜精心打造，營養十足的甜點！我等「珍研」以科學力研發而成，舉世無雙的大發明！我要將它取名為……

黃金泡芙！

喀啦

喔！

吃

嘰嘰嘰

噗哈！
好好吃喔——！
這是什麼泡芙啊！香脆又有彈性，溫潤又狂野的口味！

啊！社長，妳們回來啦！

轟轟轟～

瑛美是笨蛋～～！！

震動

益永研究室
心情
愉快
今天要來看
熱力學第二定律啦！
雖然是第二定律，
但地位可是第一！
熱力學第二定律，
說的正是熱現象的
不可逆性！
沉重～～
妳的回答太
沒精神啦！
唉……
話說加藤到
哪去了？
起身
慌慌張張
沒關係！我一
個人上課就可
以了！

沒想到那是要交給學校的泡芙,這樣我哪還有臉找加藤幫忙啊……

老師說不可逆性是什麼?

不可逆性,就是沒辦法恢復原狀的現象啦。

打擊!

不能復原!

把重要的泡芙吃掉了,也不能復原了!

打擊

那是唯一的成品啊!

沒辦法,再想想別的出路吧!

其他出路…

我該怎麼辦呢……

嗯

沉重

嗯?不能復原的定律?

那說不定有可以復原的定律啊!!

碰

老師!!!

請快點教我那個定律吧!

唔……有幹勁是好事,那我就教妳吧!

3.1　可逆？不可逆？

首先我們來看什麼是不可逆性吧。
啊，這是之前做過的氣體自由膨脹！
如果我們打開氣栓，會發生什麼事呢？
呃……A的氣體會跑去B，然後兩邊濃度相等吧。
那這個過程可以自然地恢復原狀嗎？

咦
當然不可能自然復原啊！
妳爲什麼覺得不可能？
……因爲，就是不可能啊！
沒錯，經驗告訴我們，自然界中有很多無法復原的變化。
覆水難收
壞掉的東西無法復原
生物的誕生、成長、死亡
自然界中許多過程會沿著某個方向自然進行，但無法自然回溯。
第二定律就是在探討這些現象！
那前面提到的熱傳導……
兩塊金屬碰在一起，經過充分時間就會自然達到熱平衡。

沒錯，兩個達到熱平衡的物體，會自然恢復原狀嗎？
答案是 NO！這樣就明白了吧？
高 低
YES NO
同 同
……所以果然還是……
還是救不回泡芙了！
啊～～
雖然心裡明白……但還是希望找出點線索啊！
怎麼啦？一臉不能接受的樣子。
虛脫
那我們來看相反的過程吧。
!!
起身
相反!?
就是可以復原的意思嗎!?
OK!

對……對啊！現在要說明**可逆過程**了！

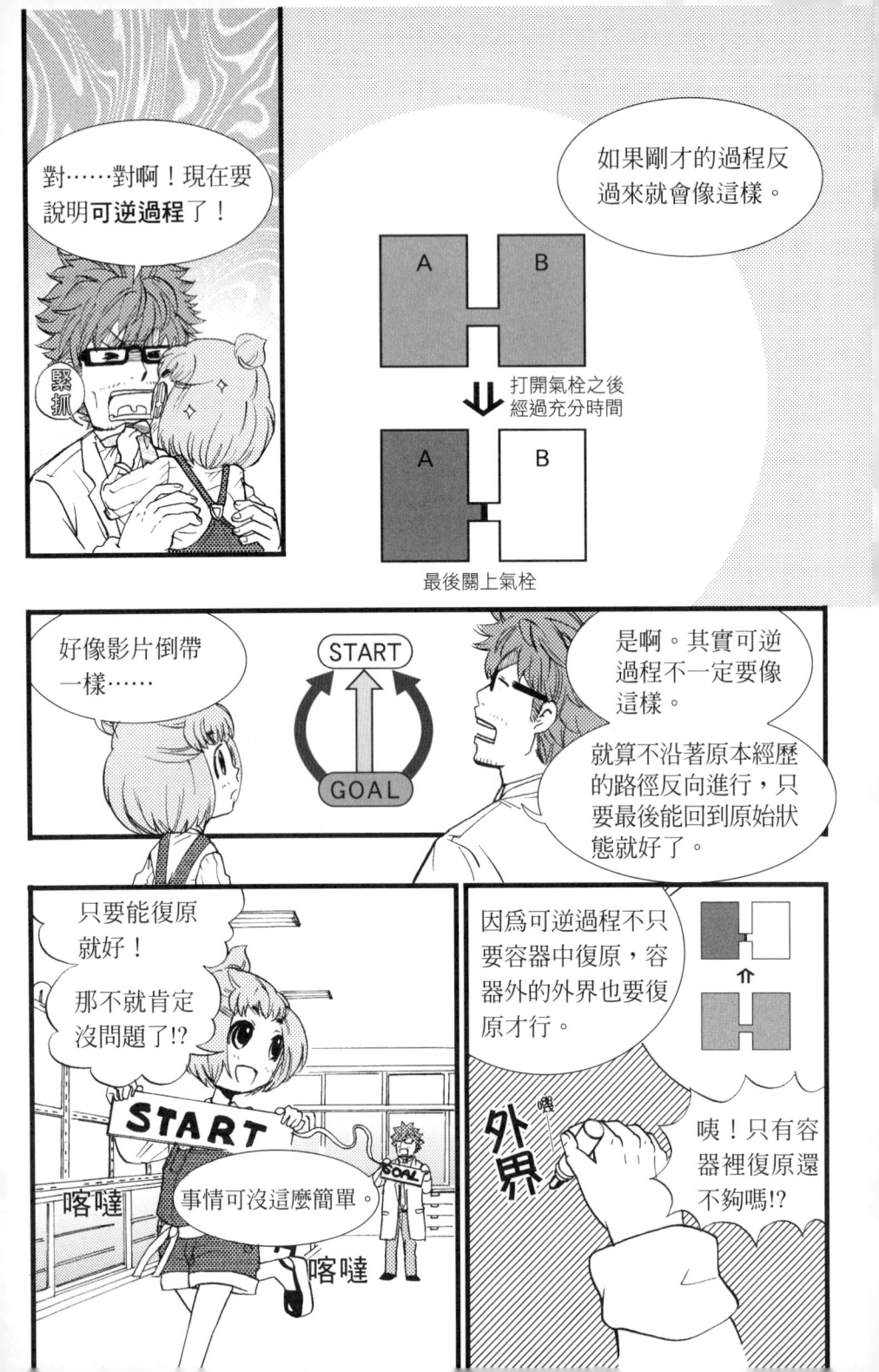

如果剛才的過程反過來就會像這樣。

A B

⇩ 打開氣栓之後經過充分時間

A B

最後關上氣栓

好像影片倒帶一樣……

是啊。其實可逆過程不一定要像這樣。

就算不沿著原本經歷的路徑反向進行，只要最後能回到原始狀態就好了。

只要能復原就好！

那不就肯定沒問題了!?

喀噠 喀噠

事情可沒這麼簡單。

因為可逆過程不只要容器中復原，容器外的外界也要復原才行。

咦！只有容器裡復原還不夠嗎!?

外界真的可以復原嗎？

如果是力學性的過程就有可能！

雲霄飛車!?

鏘鏘

差不多是這樣啦。

戴上3D立體眼鏡

如果我們忽略這個運動的阻抗和摩擦，力學的能量就會守恆。

緊張

喀噠 喀噠

忽略摩擦・阻抗

所以繞了一圈回來速度依然不變！

對！而不能回溯的過程就叫做**不可逆過程**！

如果完全沒有阻抗跟摩擦，可逆過程就有可能發生！

嘎～～

恢復原來速度……這就是可逆過程嗎？

喔喔喔

但是世界上不可能沒有阻抗和摩擦！

3.2 克勞休原理～熱力學第二定律

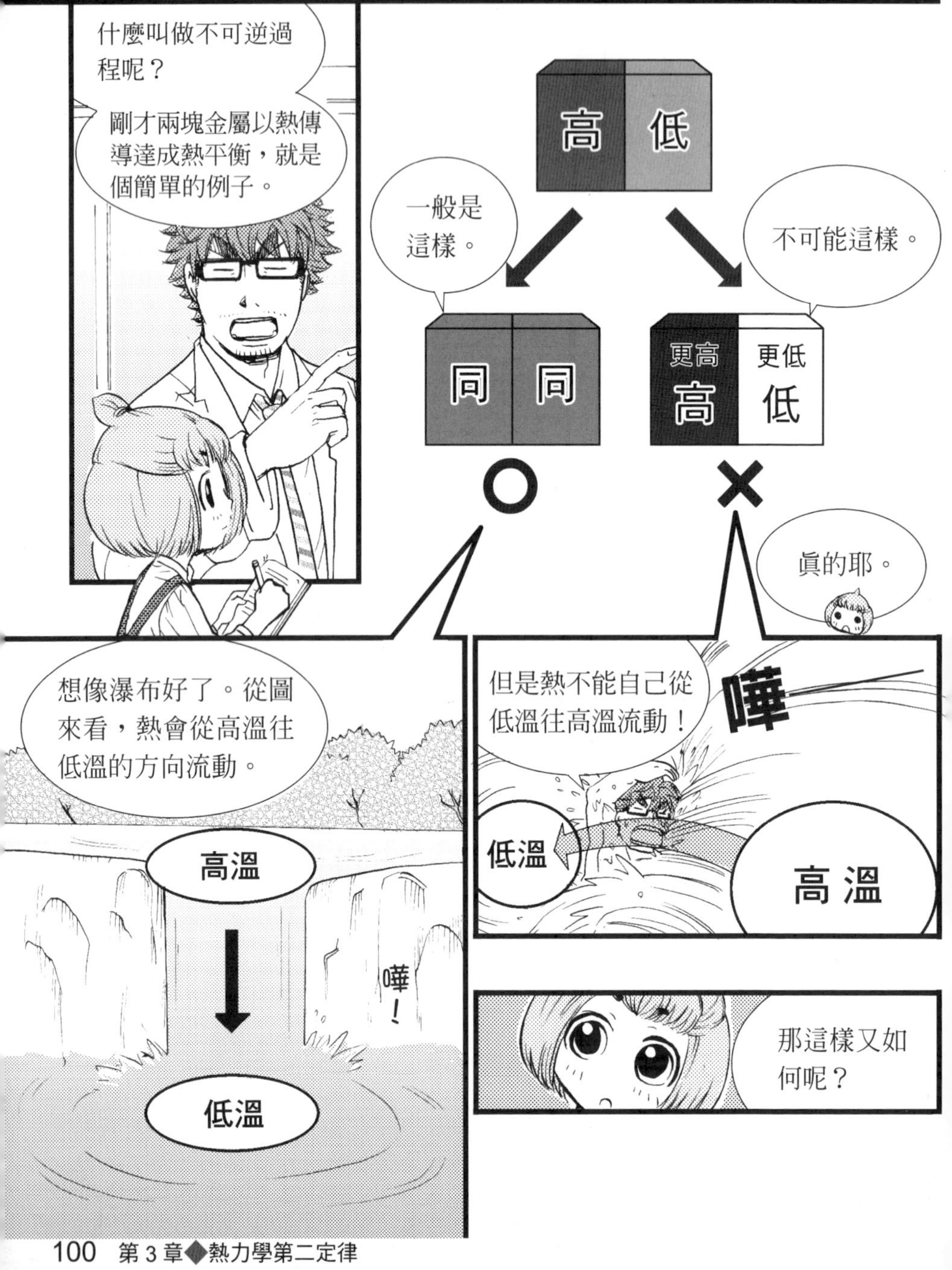

所謂循環，就像引擎運作一樣。

經歷各種狀態然後回到原點。

循環

這種**循環**也稱為**循環過程**，或稱**熱引擎**。

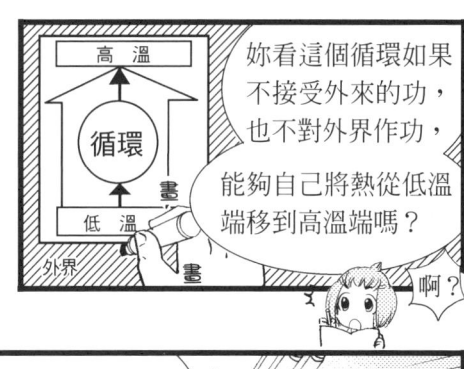

妳看這個循環如果不接受外來的功，也不對外界作功，能夠自己將熱從低溫端移到高溫端嗎？

啊？

從低溫端到高溫端!?

那剛才否定掉的東西不就成立了嗎！

沒錯。實際上這個過程不可能發生。

看起來好像理所當然，但實際可以用熱力學基礎：克勞休原理，來清楚說明這個現象！

克勞休原理

某個系統進行循環時,若從低溫物體接收熱,再交付給高溫物體,則不可能沒有其他額外變化。

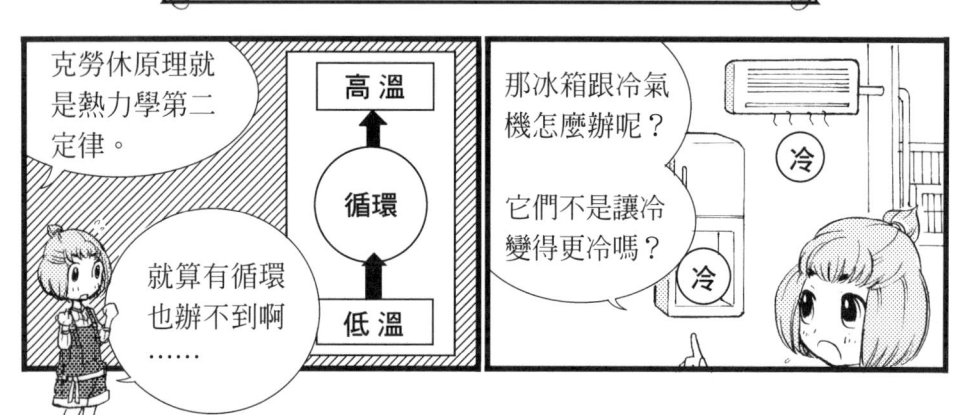

克勞休原理就是熱力學第二定律。

就算有循環也辦不到啊……

那冰箱跟冷氣機怎麼辦呢?

它們不是讓冷變得更冷嗎?

那是因為有外界作功,把熱從低溫物體轉移到高溫物體的關係。

對喔……都要用電的……

換句話說,克勞休原理也可以這麼解釋。

定理:克勞休原理另解

任何從高溫物體接收熱,並交付給低溫物體,且沒有其他任何變化的循環,皆為不可逆。

畫成圖就像這樣。
高溫
熱
循環
熱
低溫
哎呀……
跟剛才相反了。
沒錯。爲了證明這件事，
我們大膽假設這個循環是可逆過程好了。
可逆，就是這個過程可以回溯囉。
對，而且除了回溯過程之外沒有任何變化。
咦!?這不就變成剛才否定的圖了嗎！
高溫
循環
低溫
對，這是不可能的。也就是根本沒有這種循環存在！
以可逆過程來說
咦
所以「一開始的循環爲可逆過程」這個假設本身就是錯的。
假設錯了，意思就是這個循環屬於不可逆過程囉。
高溫
低溫
碎碎唸
啊！

對！這樣就成功證明，這個循環屬於不可逆過程！

而這種證明方式叫做**反證法**！

反證法
先否定要證明的議題，然後推導出矛盾的結果，以證明原本的議題為正確。

熱力學第二定律有很多種說法。

第二定律

其中一種說法就是剛才證明的克勞休原理另解。

反之，如果承認這個另解正確，就可以證明克勞休原理。

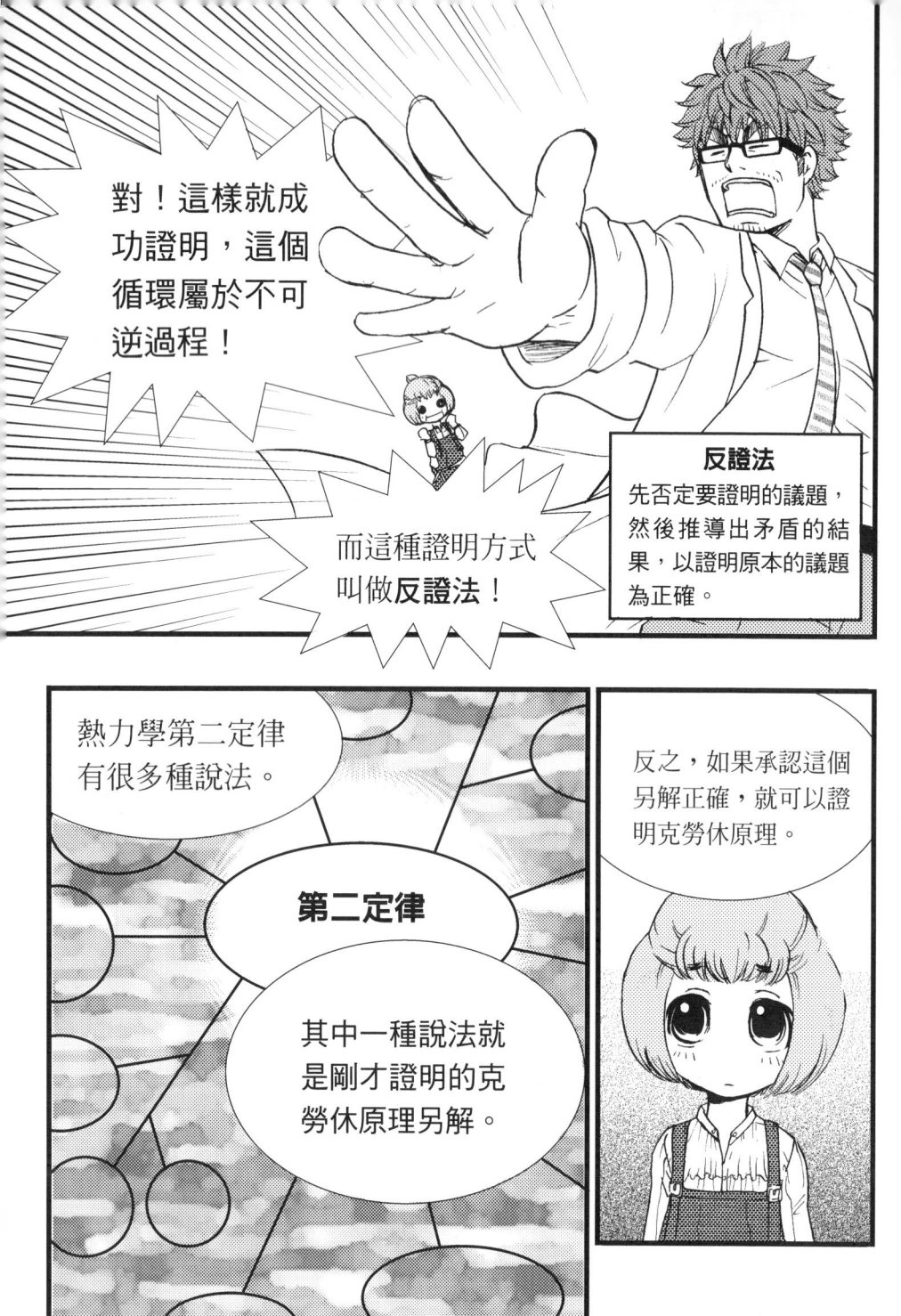

3.3 卡諾循環

克勞休原理正確的話,就是不可逆過程了。這樣泡芙救不回來,珍研也完蛋了!

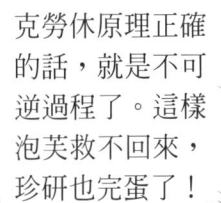

如果加藤在的話……

不行!要靠自己才對!

所有循環都是不可逆過程嗎……?一定有什麼方法可以讓它變成可逆的!

克勞休原理

克勞休原理的另解,條件是「沒有其他變化的循環就不可逆」。

那如果有外界對循環作功,或是循環對外界作功,剛才的循環不就可逆了嗎!?

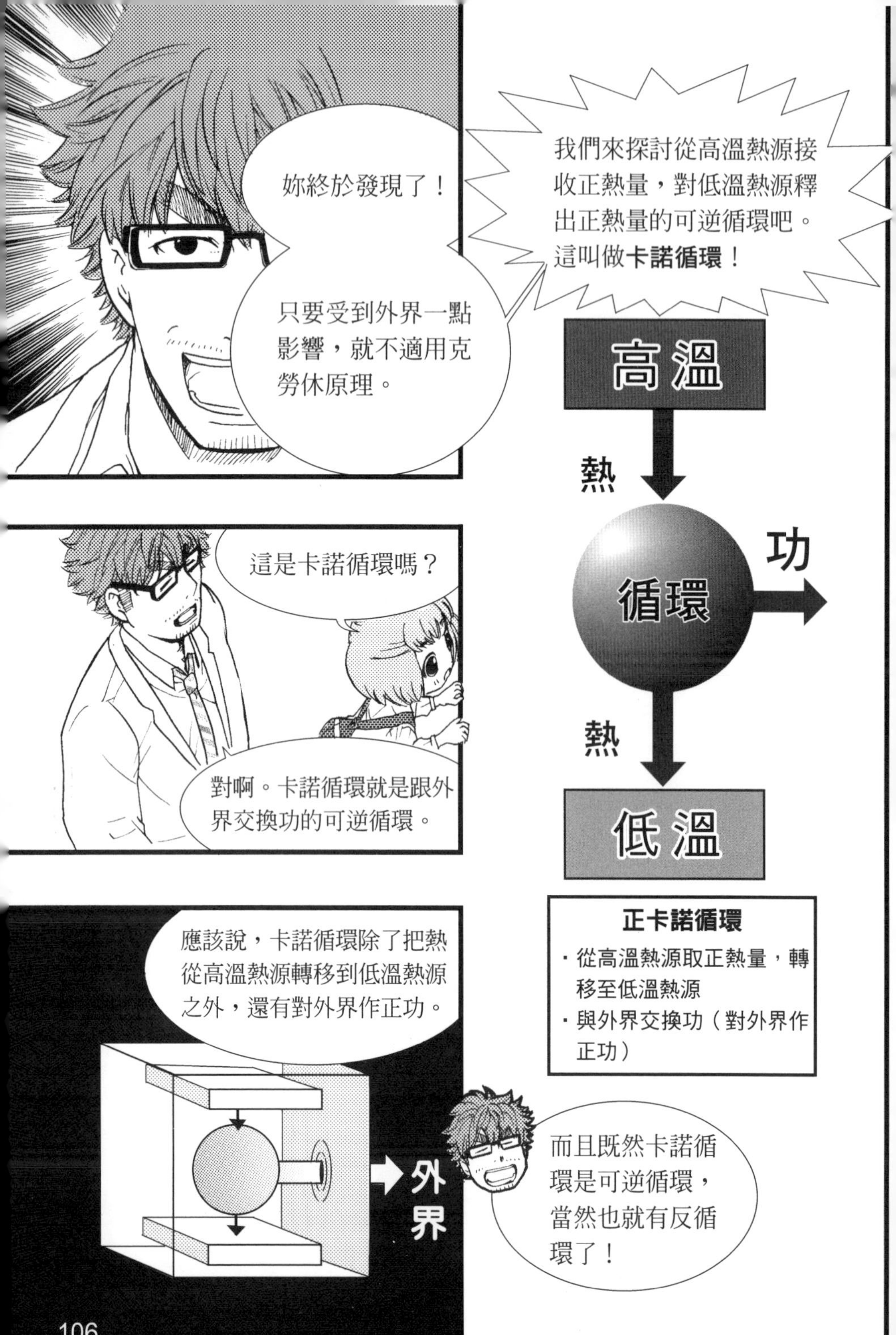
妳終於發現了！
只要受到外界一點影響，就不適用克勞休原理。
我們來探討從高溫熱源接收正熱量，對低溫熱源釋出正熱量的可逆循環吧。這叫做**卡諾循環**！
這是卡諾循環嗎？
對啊。卡諾循環就是跟外界交換功的可逆循環。
應該說，卡諾循環除了把熱從高溫熱源轉移到低溫熱源之外，還有對外界作正功。
外界
高溫
熱
循環
功
熱
低溫
正卡諾循環
・從高溫熱源取正熱量，轉移至低溫熱源
・與外界交換功（對外界作正功）
而且既然卡諾循環是可逆循環，當然也就有反循環了！

這個就是**反卡諾循環**。

原本的卡諾循環則稱為正卡諾循環。

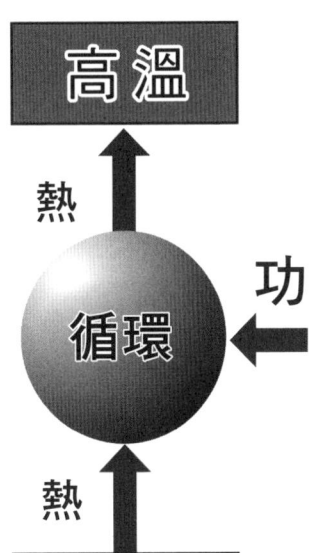

而這就是卡諾循環的功原理了。

定理：卡諾循環的功

卡諾循環對外界作正功，反卡諾循環接受外界來的正功。

反卡諾循環
- 從低溫熱源取正熱量，轉移至高溫熱源
- 與外界交換功（接受外界來的正功）

我們也要用反證法來證明這個原理是對的！

來看看反循環 $\overline{C}$ 吧！

假設反卡諾循環 $\overline{C}$ 對外界作功 W，

克勞休原理
某個系統進行循環時，若從低溫物體接收熱，再交付給高溫物體，則不可能沒有其他額外變化。

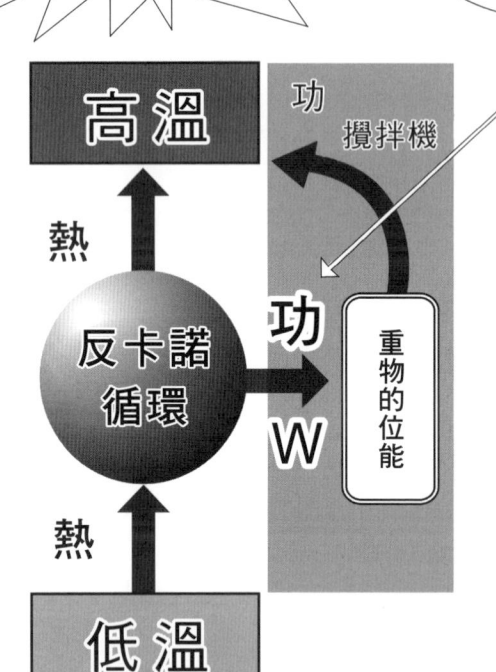

則根據克勞休原理，W 絕不等於零。

因為循環一定會有其他變化。

高溫

功
攪拌機

反卡諾循環

熱

熱

低溫

功 W

重物的位能

沒錯。那 $W>0$ 的時候又如何呢？

這時候只要對循環中的重物作正功，重物就會上升。

也可以藉由恢復原位的功來使攪拌機轉動。

而且，因為摩擦還能將重物的位能提供給高溫熱源。

108　第 3 章◆熱力學第二定律

所以只要這樣就可以對高溫熱源提供熱了！
沒錯，如果反卡諾循環 $\bar{C}$、重物、攪拌機合成為一個系統，那麼不需要其
他任何變化，也能把熱轉移到高溫端，對吧？
高溫
熱
反卡諾循環
重物與攪拌機
系統
熱
低溫
但是這樣就違背克勞休原理了吧？
高溫
反卡諾循環
重物與攪拌機
系統
低溫
對！剛才也說過，不可能有這種循環。
……所以 W 不可能大於零。
W 不會等於零，W 也不會大於零，那就是說……
只剩下 $W < 0$ 啦！
這就是作正功啊……
正是！而且正卡諾循環剛好相反，所以 W 一定要大於零，
這樣就證明成功了！
噹噹
握拳
……

續談卡諾循環

……所以,卡諾循環會對外界作正功,反卡諾循環則是接受外來的正功!這很重要,所以我再說一次!

卡諾循環與功
卡諾循環會對外界作正功,反卡諾循環則是接受外來的正功。

好,村山,用剛才的方法證明看看吧!

咦咦!好……好吧……我試試看!用剛才那樣的反證法就可以了吧?

沒錯!

好,那我來證明了。一開始先來看反卡諾循環$\overline{C}$吧。(緊張)

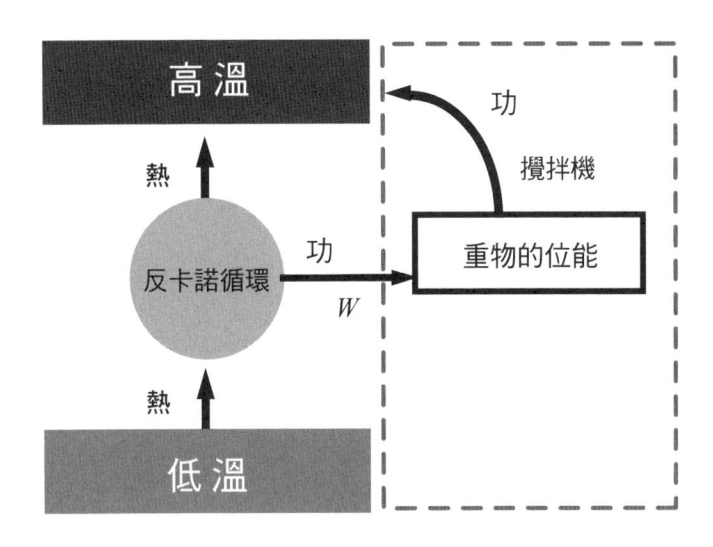

反卡諾循環作的功

請看上面的圖。假設 $\bar{C}$ 對外界所作的功為 W。假設 $W = 0$，則違反克勞休原理，所以 W 不為零。又假設 $W > 0$。如此一來，正功會將重物拉至高處。如果高溫熱源為大量的水，就會像焦耳實驗一樣，重物設法回到原位的功會使水中的攪拌機轉動。

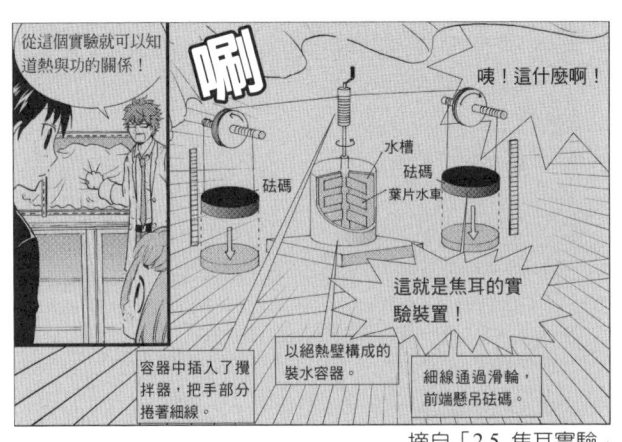

摘自「2.5 焦耳實驗」

這時候的摩擦與重物的位能，會對高溫熱源提供熱量。假設反卡諾循環 $\bar{C}$、重物、攪拌機為一個系統，那就是從低溫熱源取走正熱量，轉移至高溫熱源，此外沒有任何變化。這就違反了克勞休原理。

我再重複一次克勞休原理吧！

克勞休原理

某個系統進行循環時，若從低溫物體接收熱，再交付給高溫物體，則不可能沒有其他額外變化。

嗯。所以不可能 $W > 0$。既然 W 不能大於零，也不能等於零，就一定是 $W < 0$。

正卡諾循環是 $\bar{C}$ 的反循環，所以一定要對外界作正功。

這樣就證明成功了！

很好！一百分！

呼～太好了～～！

3.4 理想氣體的卡諾循環

我們用理想氣體來建構卡諾循環吧。只要用想像的即可。這種在腦中進行的實驗稱為想像實驗。

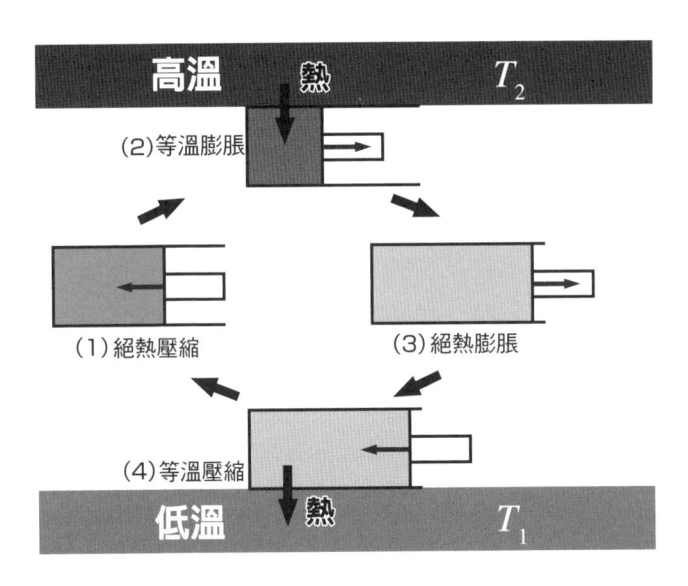

理想氣體的卡諾循環

請看上圖。假設現在有高溫熱源(溫度 T_2)與低溫熱源(溫度 T_1)。有理想氣體在容器中,假設此容器可自由轉換為絕熱壁與透熱壁。再假設一開始,理想氣體與低溫熱源溫度相同,都是 T_1,且壓力為 p_0,體積為 V_0。並在準靜狀態下進行以下四個過程。

(1)對氣體進行絕熱壓縮,將溫度升到 T_2。此時的壓力與體積為 p_1、V_1。
(2)使氣體接觸高溫熱源,溫度維持在 T_2 的狀態下,讓氣體膨脹。此時的壓力與體積為 p_2、V_2。
(3)讓氣體離開熱源,進行絕熱膨脹,直到溫度降至 T_1 為止。此時的壓力與體積為 p_3、V_3。

(4)使氣體接觸低溫熱源,將溫度維持在 T_1,再將氣體體積壓縮至 V_0 為止。此時壓力回到 p_0。

這就是**理想氣體的卡諾循環**。下圖描繪出一連串過程中體積與壓力的關係。根據理想氣體的狀態方程式,等溫過程中的 pV 為一定值。而根據普瓦松定律,絕熱過程中的 pV^γ 為定值。

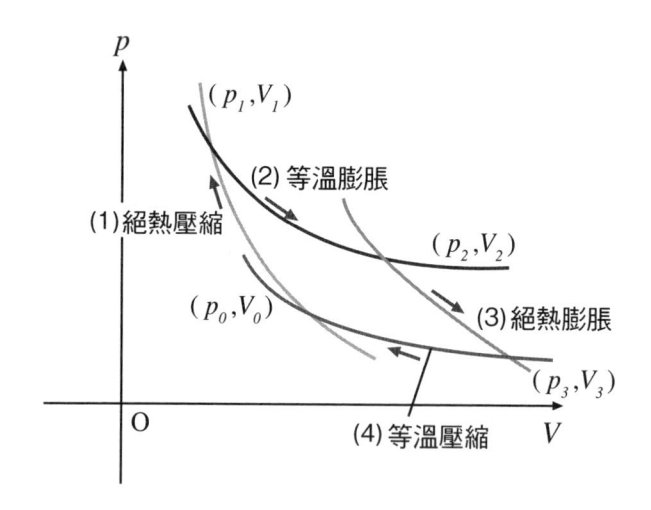

理想氣體卡諾循環中,壓力與體積的關係

這一連串過程會回到原點,所以屬於循環。請注意當氣體接觸熱源時,氣體與熱源的溫度相同。這樣才能進行準靜的熱量進出。準靜過程為可逆過程,所以這個循環就是卡諾循環。

讓我們計算各個過程中的熱與功進出狀況。

(1)絕熱壓縮中,沒有熱量的進出。$Q_{(1)} = 0$。外界對氣體作的功如下。

$$W_{(1)} = -\int_{V_0}^{V_1} pdV$$

在此使用普瓦松定律。

$$pV^\gamma = 常數$$

注意等號右邊的常數是 $p_0V_0{}^\gamma = p_1V_1{}^\gamma$，故可以寫成以下算式。

$$W_{(1)} = -\int_{V_0}^{V_1} \frac{p_0 V_0^\gamma}{V^\gamma}dV = \frac{1}{\gamma-1}(p_1V_1 - p_0V_0)$$

在此套用理想氣體狀態方程式

$$pV = R'T$$

就成為以下結果。

$$W_{(1)} = \frac{R'(T_2 - T_1)}{\gamma - 1}$$

(2) 上一章提過，理想氣體進行等溫變化時，內部能量不會改變。所以根據第一定律，等溫膨脹中從外界進入氣體的熱加上外界所作的功，總和為零。

$$Q_{(2)} + W_{(2)} = 0$$

其中 $W_{(2)}$ 可以用以下式子來計算。

$$W_{(2)} = -\int_{V_1}^{V_2} pdV = -\int_{V_1}^{V_2} \frac{R'T_2}{V}dV = -R'T_2 \ln\frac{V_2}{V_1}$$

(3) 此步驟與(1)相同，$Q_{(3)} = 0$，結果如下。

$$W_{(3)} = \frac{R'(T_1 - T_2)}{\gamma - 1}$$

(4) 此步驟與(2)相同，結果有二。

$$Q_{(4)} + W_{(4)} = 0$$

以及

$$W_{(4)} = -R'T_1 \ln \frac{V_0}{V_3}$$

我們來計算以上四個階段功與熱的進出總和。從高溫熱源進入氣體的熱 Q_2 如下。

$$Q_2 = Q_{(2)} = -W_{(2)} = R'T_2 \ln \frac{V_2}{V_1}$$

從氣體進入低溫熱源的熱 Q_1 如下。

$$Q_1 = -Q_{(4)} = W_{(4)} = -R'T_1 \ln \frac{V_0}{V_3}$$

氣體對外界作的功總量 W 如下。

$$W = -W_{(1)} - W_{(2)} - W_{(3)} - W_{(4)} = R'T_2 \ln \frac{V_2}{V_1} + R'T_1 \ln \frac{V_0}{V_3}$$

在此，$W_{(1)}$ 與 $W_{(3)}$ 會抵銷。請注意以上計算的符號。

根據理想氣體狀態方程式，等溫變化可以做以下表示。

$$p_1V_1 = p_2V_2, \quad p_0V_0 = p_3V_3 \quad \cdots\cdots\cdots\cdots\cdots\cdots\cdots\cdots\cdots \text{(1)}$$

而根據普瓦松定律，絕熱變化可以做以下表示。

$$p_0V_0^\gamma = p_1V_1^\gamma, \quad p_2V_2^\gamma = p_3V_3^\gamma \quad \cdots\cdots\cdots\cdots\cdots\cdots\cdots \text{(2)}$$

從(1)的兩個等式可以得知

$$\frac{p_1}{p_2} = \frac{V_2}{V_1}, \quad \frac{p_0}{p_3} = \frac{V_3}{V_0} \quad \cdots\cdots\cdots\cdots\cdots\cdots\cdots\cdots\cdots \text{(3)}$$

而從(2)的兩個等式可以得知

$$\frac{p_0}{p_3}\left(\frac{V_0}{V_3}\right)^\gamma = \frac{p_1}{p_2}\left(\frac{V_1}{V_2}\right)^\gamma \quad \cdots\cdots\cdots\cdots\cdots\cdots\cdots \text{(4)}$$

將(3)的兩個等式代入(4)加以整理，則得到

$$\frac{V_3}{V_0} = \frac{V_2}{V_1}$$

所以卡諾循環從高溫熱源拿取的熱量 Q_2，以及交付低溫熱源的熱量 Q_1，還有對外界作的功 W，分別如下。

$$Q_2 = R'T_2 \ln \frac{V_2}{V_1}, \quad Q_1 = R'T_1 \ln \frac{V_2}{V_1}, \quad W = R'(T_2 - T_1) \ln \frac{V_2}{V_1}$$

氣體循環一次對外界所作的功總和，等於第 114 頁 pV 平面上四條曲線所圍成的區域面積。請注意這裡的熱量比有以下的關係。

$$\frac{Q_2}{Q_1} = \frac{T_2}{T_1}$$

之後會說明，這個關係式證明 T 與熱力學的溫度一致。

3.5 第二類永動機

哇——♡
加藤，這是你做的嗎!?
多少要休息一下啊。
感動～
好好吃～♡
累的時候吃甜食最好了。
我們如果不吃飯就會餓死，那有沒有什麼機器，就算不從外界接收能量，也可以一直運轉呢？
喂～
妳說的是第一類永動機吧。
以前的科學家一直在研究這樣的循環，不過……
用水壓推動的車
不行嗎？爲什麼？
因爲違背了熱力學第一定律啊。
沒有任何裝置不需要補充能量，就能一直運轉的。
能量
工作
沒力了
吃
是喔。

119

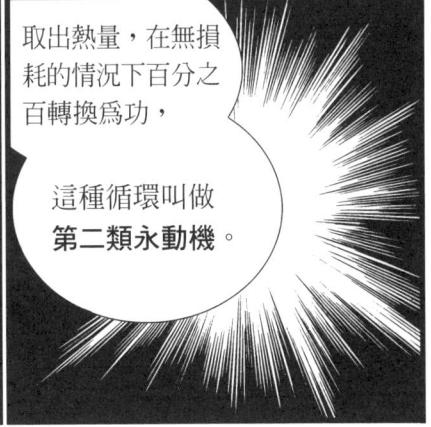

> 第二類永動機

🧑‍🦰 為什麼第二類永動機不可能實現呢？

🧑 別急，我照順序說給妳聽。
首先下面這個原理，證明第二類永動機不可能實現。

開爾文原理

若某個循環從熱源取出正熱，並對外作出與該熱等量之功，則該循環不存在。

🧑 這就是**開爾文原理**了。

🧑 我記得……這也叫做湯姆生原理對吧。
英國物理學家湯姆生，成為貴族之後才改名為開爾文的……是嗎？

🧑‍🦰 嗚嗚……感覺好複雜喔……。

🧑 是這樣沒錯。而奧斯特瓦爾德原理則是比**開爾文原理**更直接地說明「第二類永動機不存在」。

🧑‍🦰 啊，他講的好懂多了！

那麼，第二類永動機不存在，代表熱與功的本質不同。之前我們用焦耳實驗證明，功可以百分之百變成熱，但是熱卻無法百分之百變成功。

卡諾循環是從高溫熱源取得正熱，將其中一部分交給低溫熱源，才能夠對外界作正功。如果想要從熱源取出熱，並對外界作功，就一定要把一部分的熱交給低溫熱源才行。

沒錯。事實上引擎和發電廠確實也將大量的熱排放到大氣與海水中。這樣看來，熱或許比功更適合用來轉移能量喔。

話說回來，為什麼第二類永動機不可能實現啊？

別急。現在我就來說明為什麼第二類永動機不可能實現。

是不是只要證明開爾文原理正確就好了呢？
只要用克勞休原理就能證明開爾文原理了吧。

好！證明就交給你啦，加藤！
我要吃蛋糕很忙的！

啊～！老師好詐！

你們兩個真是……
那我就振作點，開始證明了。

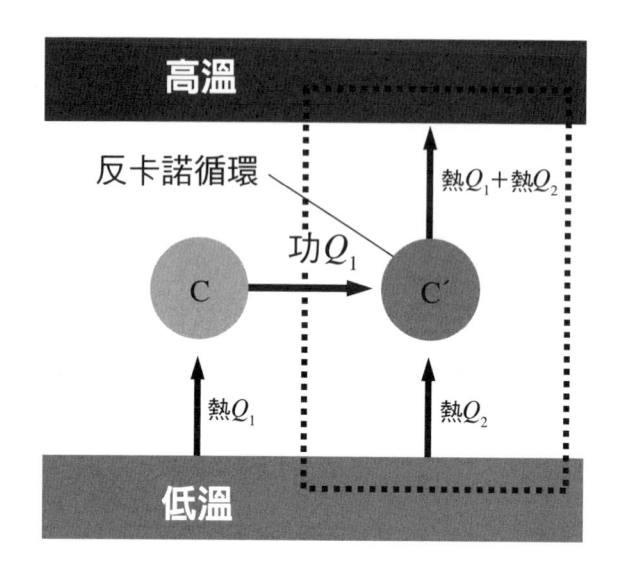

我們先假設有一個違背開爾文原理的循環C。請看上圖，裡面有低溫熱源與高溫熱源。循環C可對低溫熱源取出正熱 Q_1，並且完全轉換為正功。

所以換句話說，這個假設循環就是第二類永動機囉！

是啊。功的量就是正Q_1。我們用這份功來推動反卡諾循環C'吧。反卡諾循環會接受外界作功，從低溫熱源取出熱，轉移到高溫熱源。假設反卡諾循環取出的熱是Q_2，根據熱力學第一定律，轉移到高溫熱源的熱就必須是Q_1+Q_2。

能量守恆定律！

我們把兩個循環C和C'看成一個大循環C"。代表這個循環可以從低溫熱源取得熱 Q_1+Q_2 並轉移至高溫熱源，而且不會產生其它變化。

咦?這麼一來……。

沒錯,這樣就違背克勞休原理。可見一開始的假設有誤,因此證明開爾文原理是正確的。

喔喔喔!原來如此!

嗯!很好!

老師不是只是在吃蛋糕嗎……。

什麼!我可是有認真在聽喔!
我問妳,妳可以反過來證明它嗎?

反過來就是……。

就是用開爾文原理證明克勞休原理吧?

呃……我想應該可以吧……。

說的好!
那這次就換妳來證明啦,村山!

咦咦咦!
嗚……我沒什麼信心說……試試看吧。

(村山加油!)

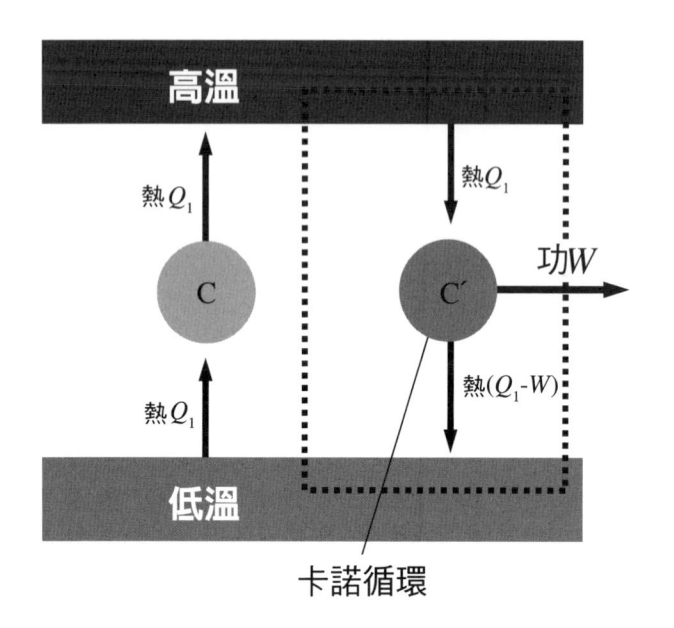

```
            高溫
    熱 Q₁↑      ↓熱 Q₁
       ( C )       ( C' ) → 功 W
    ↑熱 Q₁      ↓熱(Q₁-W)
            低溫
```

卡諾循環

> 依照剛才的要領進行就可以了吧……？

> 呃……請看上面的圖。假設有一個違背克勞休原理的循環C。循環C會從低溫熱源取得正熱 Q_1，再轉移至高溫熱源，並且不產生其它任何變化。另外還有一個卡諾循環 C' 則是從高溫熱源取得正熱 Q_1，進行運轉……這樣可以吧……？

> 是啊。跟剛才一樣的推導方式就可以了。

> 呃，嗯。然後……如果 C' 對外界作功為 W，根據第一定律，C' 交給低溫熱源的熱為 Q_1-W。把 C 和 C' 看成一個大循環 C"，則此循環會從低溫熱源取得熱 $Q_1-(Q_1-W)=W$，而且對外界作功 W，此外不產生任何變化。卡諾循環對外界作功為正，所以循環 C" 會從熱源取得正熱，並全部轉換為功。如此一來就違背開爾文原理。所以只要開爾文原理正確，克勞休原理就正確。

> 這樣就證明完成了……吧？

幹的好！
這樣就知道了吧？從克勞休原理可以導出開爾文原理，而開爾文原理也可以反過來導出克勞休原理。所以能夠證明下面這件事！

> **定律**
>
> 克勞休原理與開爾文原理相等。

所以熱力學第二定律無論引用哪個定理，都是正確的經驗法則！

所以開爾文原理就是熱力學第二定律的另一種說法囉！

3.6　各種不可逆性

使用克勞休原理或開爾文原理,可以證明各種自然現象的不可逆性。

> 定律

摩擦生熱為不可逆現象。

> 證明

摩擦生熱過程如下圖,將正功轉換為熱,並轉移至熱源。假設該過程為可逆,則有反向之過程。而這正是開爾文原理禁止的項目「從熱源取出正熱,並完全轉換為正功」。所以該過程不可逆。

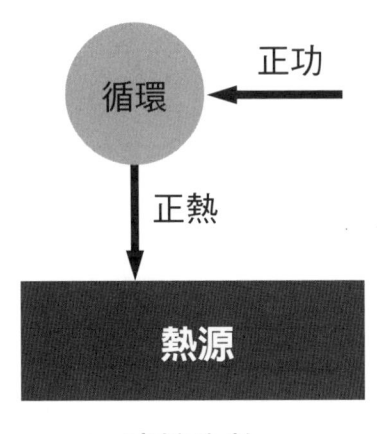

摩擦生熱

(證明結束)

我們也可以證明下面這個定律。

|定律|
真空中的理想氣體的自由膨脹爲不可逆。

|證明|
假設有一個容器，以開了小洞的分隔壁做區分。分隔壁可以自由移動。若要使理想氣體自由膨脹，則先在分隔壁之一側收集理想氣體，另一側爲真空。若將塞住分隔壁小洞的栓子拿開，氣體就會流入真空側，經過充分時間則達成熱平衡。假設自由膨脹前的體積爲 V_1，膨脹後的體積爲 V_2，則肯定 $V_1 < V_2$。過程中外界對系統作的功爲零，外界對系統流入的熱爲零，氣體溫度維持 T 不變。

現在假設真空中理想氣體的自由膨脹爲可逆現象，則存在反向過程。並將此過程稱爲反自由膨脹。反自由膨脹會將充滿兩側的氣體集合至單邊，讓另一側恢復真空。在此過程中，外界對氣體作的功爲零，也沒有熱進出。

接著，在一側有氣體，另一側爲真空的狀態下，使一個溫度與氣體同樣爲 T 的熱源接觸透熱壁。然後，來探討氣體在準靜條件下從體積 V_1 等溫膨脹至 V_2 的過程。如此一來氣體就會對外界作功。氣體對外界作的功如下。

$$\int_{V_1}^{V_2} p dV = \int_{V_1}^{V_2} \frac{R'T}{V} dV = R'T \ln \frac{V_2}{V_1}$$

此功爲正值。過程中氣體內部能量完全不變，所以根據第一定律，熱源必須對氣體投入與正功等量的熱。

接著，來思考第 128 頁的循環圖。首先將體積 V_2、溫度 T 的理想氣體裝入容器中。然後放入有小洞的分隔壁。根據反自由膨脹，氣體會集中到某一側。集中後的氣體體積爲 V_1。氣體接觸溫度 T 之熱源，會發生等溫膨

熱源 T

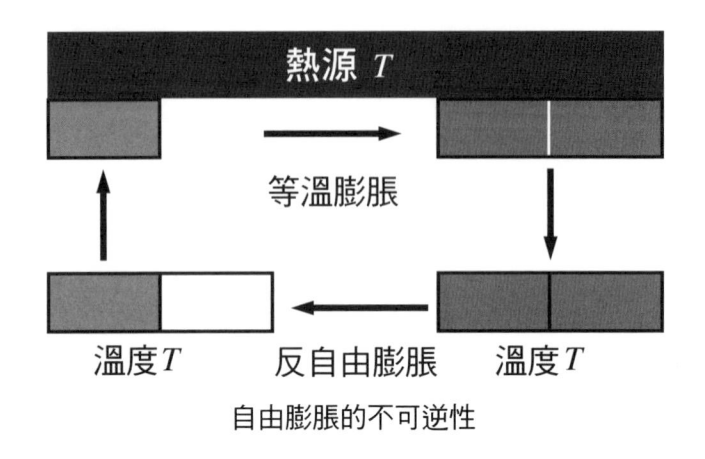

等溫膨脹

溫度 T　　反自由膨脹　　溫度 T

自由膨脹的不可逆性

脹，以準靜過程回歸體積 V_2。之後使容器離開熱源，氣體又會恢復原本狀態。

此循環中的氣體會從熱源取得熱量，並對外界作出與熱等量的功。如此則違背開爾文原理。所以反自由膨脹不存在。也就是說理想氣體的自由膨脹為不可逆過程。

（證明結束）

不僅是真空中的自由膨脹，當壓力差有限時，膨脹也不可逆。自然界中通常只有壓力差有限的膨脹，和溫度差有限的熱傳導。這兩種過程都不可能準靜，都是非靜過程。而且摩擦生熱也是不可逆的非靜過程。於是以下定律便成立。

| 定律 |

某個熱現象之部分過程若為非靜，則該現象為不可逆。又，可逆之熱現象必為準靜過程。

準靜過程是自然界中不可能發生的極限過程。而且自然界中也沒有單純的力學過程。無論多麼理想的狀況，都一定有摩擦與阻抗。所以我們可

說，**自然界所有現象都不可逆**。

　　卡諾循環不是可逆嗎？或許有人會這麼想。

　　但是卡諾循環必須具備可逆的熱過程，所以實際上也不可能實現卡諾循環。理想上可能，但現實上並不可能。

第 3 章總結

- **可逆過程**：當系統從一個狀態變成另一個狀態時，不對外界做出任何變化，就可恢復原本的狀態變化，則稱該變化為可逆過程。
- **不可逆過程**：不屬於可逆之過程。
- **克勞休原理**：若從低溫物體將熱移至高溫物體，則不可能不產生其它變化。
- **熱力學第二定律**：說明熱現象之不可逆性的定律。等同於克勞休原理、開爾文原理、奧斯特瓦爾德原理、克勞休不等式、一致性增長律。
- **卡諾循環**：從高溫熱源轉移正熱至低溫熱源的可逆循環。對外界作正功。
- **反卡諾循環**：卡諾循環的反循環。從低溫熱源轉移正熱至高溫熱源的可逆循環。自外界接受正功。
- **開爾文原理**：從熱源取得正熱，並全部轉換為對外界作功，此種循環不存在。等同於克勞休原理。
- **第二類永動機**：從熱源取出正熱，並全部轉換為對外界作功的循環。違背開爾文原理，不可能實現。
- **準靜過程與可逆過程**：準靜過程為可逆，但可逆過程不一定準靜。可逆之熱過程必為準靜。

第4章
熵

4.0 社團的危機與瑛美的決心

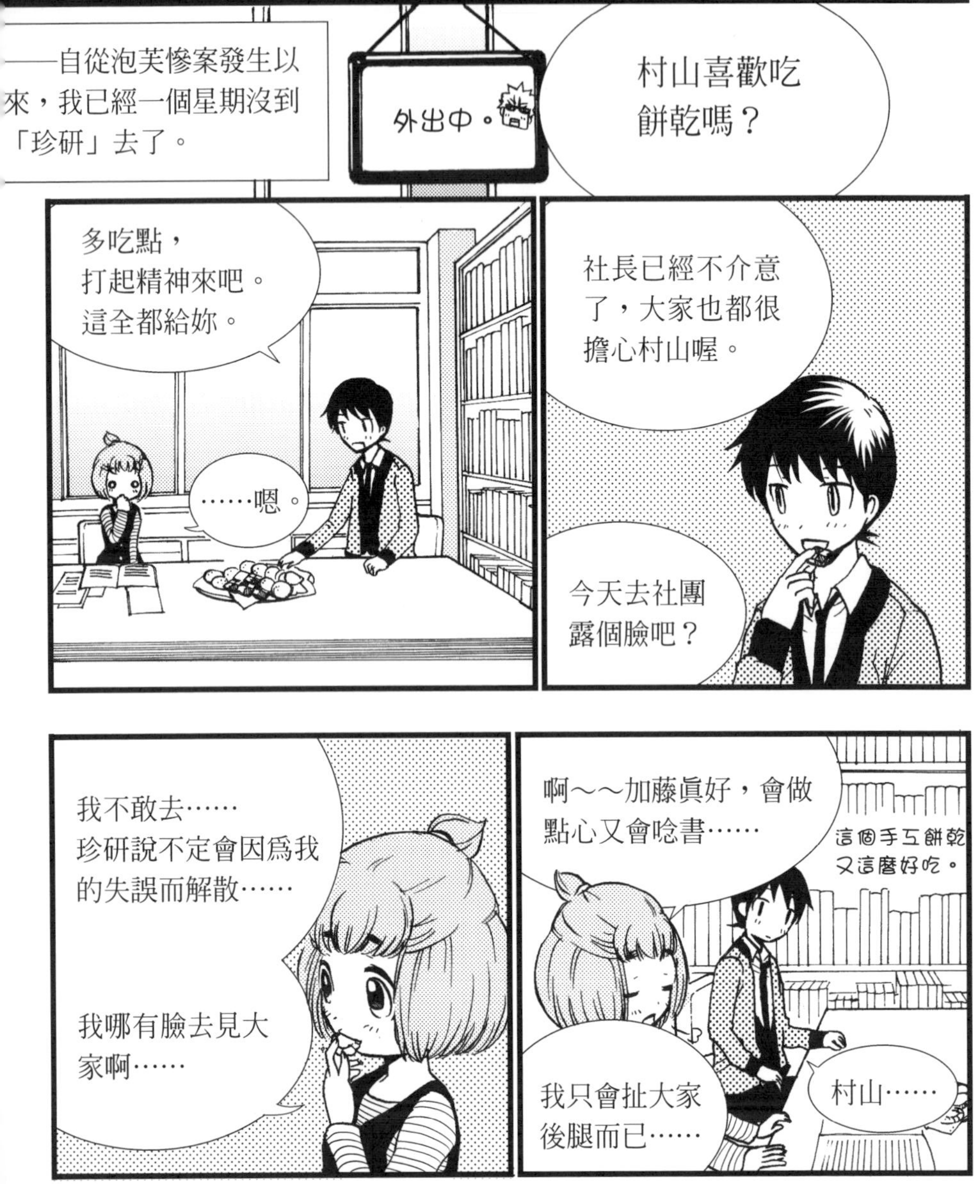

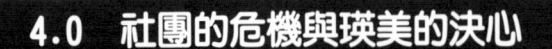

才沒
這回事！
起身
驚
就算失敗，只要
用努力來超越不
就好了嗎！
一定有什麼事情非
得有村山才能辦得
到的啊！
呆
所……所以不要
一個人煩惱，可
以拜託別人……
比方說我……之
類的啊！
非得有我才能
辦得到的事啊
……
那我先走……
拉
加藤同學！
！
那個……今天下課之
後有空嗎？
咦？
我想請你幫個忙
……

4.1 熵是什麼？

首先，我們先來看熵是什麼東西。

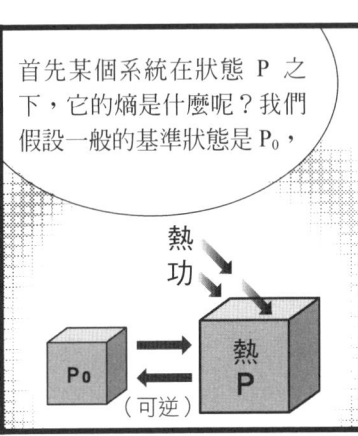

好！

首先某個系統在狀態 P 之下，它的熵是什麼呢？我們假設一般的基準狀態是 P_0，

而變化到狀態P的過程為可逆。

此時正常來說，系統與外界熱源會交換熱。

熱
功
P_0 ⇌ 熱 P
（可逆）

有了可逆過程中從外界流入系統中的熱，以及外界溫度，就可以計算系統於狀態 P 之下的熵。

咦？計算熵!?

那熵到底是什麼呢？

熵源自於希臘文的「變化‧轉換」，是克勞休所命名的。

使狀態 P_0 產生可逆性變化成為狀態 P，

此時，熱源的溫度為 T 時，從熱源流入系統的極小熱量為 $d'Q$。

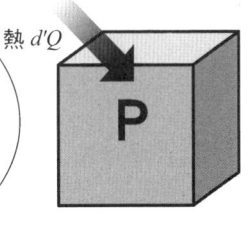

溫度 T
熱 $d'Q$
P

狀態 P 的熵的定義像這樣！

熵的符號是 S

$$S = \int_{P_0 \to P \text{（可逆）}} \frac{d'Q}{T}$$

這就是熵的定義？

就像這樣以積分來表示。

接著來看圖吧。

這條從 P_0 到 P 的曲線是什麼啊？

因為上面的積分是線積分。

從 P_0 到 P 的狀態變化有各種路徑，在此我們選擇其中一條可逆的路徑。

$$S = \int_{P_0 \to P \text{（可逆）}} \frac{d'Q}{T}$$

其中「$P_0 \to P$（可逆）」的符號，表示這是從 P_0 到 P 沿著可逆路徑所做的線積分。

熵就是狀態量。所以一個狀態 P 只有一個熵。

136

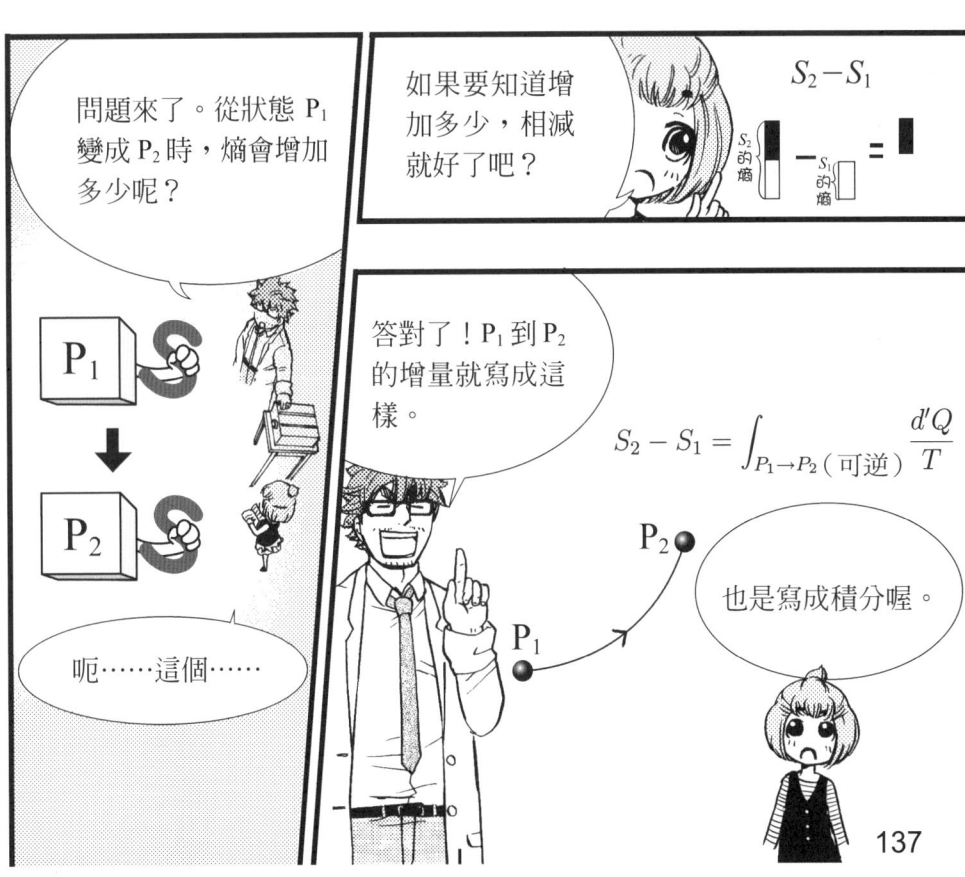

唔⋯⋯所以這個積分，就是沿著從 P_0 到 P 的可逆路徑的線積分囉？

就是這樣。

而這就是狀態 P 的熵。

啪

P 想像圖

咦～！這就是熵!?

問題來了。從狀態 P_1 變成 P_2 時，熵會增加多少呢？

P_1 → P_2

呃⋯⋯這個⋯⋯

如果要知道增加多少，相減就好了吧？

$S_2 - S_1$

S_2 的熵 − S_1 的熵 =

答對了！P_1 到 P_2 的增量就寫成這樣。

$$S_2 - S_1 = \int_{P_1 \to P_2 (可逆)} \frac{d'Q}{T}$$

也是寫成積分喔。

P_1 P_2

這樣知道怎麼表示熵了吧？

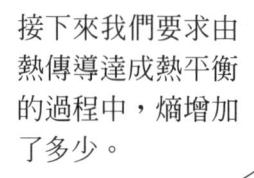

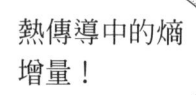

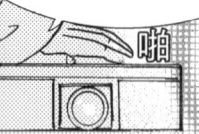

接下來我們要求由熱傳導達成熱平衡的過程中，熵增加了多少。

熱傳導中的熵增量！

如果我們把兩個溫度不同的物體碰在一起，低溫的是 A，高溫的是 B，兩者的溫度分別是 T_A、T_B。

而且兩個物體的熱容量都是 C，也不與外界交換熱。那會發生什麼情況呢？

經過長時間之後，A 跟 B 會達成熱平衡，溫度變得一樣。

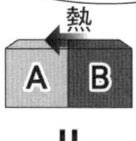

沒錯，兩者都會變成溫度T_f。

物體 A 所接受的熱量與物體 B 所接受的熱量，總和為零。所以可以寫成

$$C(T_f - T_A) + C(T_f - T_B) = 0$$

進一步可以寫成

$$T_f = \frac{T_A + T_B}{2}$$

對喔!這就是求兩個物體的平均溫度了!

接著來求熵的增量。
首先求出物體A的熵增量。考慮物體A在準靜過程下獲得熱,從溫度T_A慢慢上升到T_f的過程後,可以用以下算式計算!

$$\Delta S_A = \int_{T_A}^{T_f} \frac{CdT}{T} = C \ln \frac{T_f}{T_A}$$

這就是剛才求熵增量的算法吧。那B也可以照樣計算囉?

是啊。不過B得到的熱為負值,所以B的熵增量也是負值。兩者相加就會變成這樣。

$$\Delta S = \Delta S_A + \Delta S_B = C \ln \frac{T_f}{T_A} + C \ln \frac{T_f}{T_B}$$

原來如此!

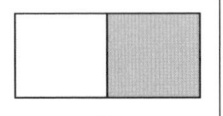

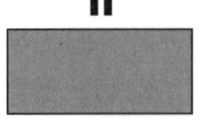

沒錯。這就是熵增量 ΔS 的總和。

把第 138 頁求得的 T_f

$$T_f = \frac{T_A + T_B}{2}$$

代入第 139 頁的式子中，可以得到以下的結果。

$$\begin{aligned}\Delta S &= 2C \ln \left[\frac{1}{2}\left(\sqrt{\frac{T_A}{T_B}} + \sqrt{\frac{T_B}{T_A}}\right)\right] \\ &\geq 2C \ln \left[\sqrt{\frac{T_A}{T_B}}\sqrt{\frac{T_B}{T_A}}\right] = 0\end{aligned}$$

這裡用到了和積平均的關係！

講個不停

和積平均？
所以只有 $T_A = T_B$，
$\Delta S = 0$ 才會成立囉？

沒錯！其他狀況下的 ΔS 都大於零！

所以……是什麼意思啊？

意思就是說！在絕熱系統中，兩個溫度不同的物體藉由熱傳導達成熱平衡的時候，熵的總量就會增加。
熵在絕熱系統中有增加的性質。這就是**一致性增長律**！
T_A
T_B
熱平衡狀態
S
一致性增長律!?什麼意思啊……？
等一下就會仔細告訴妳了。這裡先了解概念就好啦！
哇哈哈
啊

4.2 熱力學上的溫度

妳還記得卡諾循環嗎?

就是一種可逆循環吧。

對。現在我要用卡諾循環來定義熱力學的溫度。先準備溫度為 T_1 和 T_2 的兩個熱源,假設 $T_2 > T_1$。卡諾循環會從高溫熱源(溫度T_2)取得熱 Q_2,並對低溫熱源(溫度 T_1)提供熱 Q_1。而卡諾循環對外界做的功就是 $W = Q_2 - Q_1$。

嗯嗯。然後呢?

這裡用上卡諾循環的可逆特質,就可以寫成以下的式子。

$$\frac{Q_2}{Q_1} = \frac{\phi(T_2)}{\phi(T_1)}$$

其中右邊的 ϕ 是希臘字母。$\phi(T)$ 代表 T 的函數。

可是我不知道 ϕ 是什麼樣的函數,要怎麼計算呢?

那是當然。但是溫度可以由我們自行決定。所以,為了讓這個 $\phi(T)$ 函數與溫度的數值一致,因此重新設定溫度。

因此而設定的溫度就稱為**熱力學溫度**。如果用$T_{熱}$來表示熱力學溫度的話……

我知道！就是這樣吧。

$$\frac{Q_2}{Q_1} = \frac{T_{熱 2}}{T_{熱 1}}$$

但是這樣跟理想氣體溫度計定義的絕對溫度很容易搞混。

妳說到重點了！
正如「3.4 理想氣體的卡諾循環」一節（第 113 頁）所說，理想氣體可以形成卡諾循環，這時候上面的算式，會因為理想氣體溫度計的絕對溫度而成立。所以熱力學溫度與理想氣體溫度計的絕對溫度一致。往後提到絕對溫度，就可以當成熱力學溫度。所以直接寫成T即可。而且，上面的關係式在反卡諾循環中也成立。

熱力學溫度

以熱源進出卡諾循環之熱量比來定義的溫度。與理想氣體溫度計的絕對溫度一致。

加藤的特別講座 ④

有關卡諾循環的熱量比

各位好，我是加藤。

趁瑛美和益永老師討論熵的時候，我要借幾頁來用用囉。偶爾搶個出場沒關係啦！

所以接下來由我自己做解說，各位請多多指教。

我要來證明以下的式子，對卡諾循環的熱量比也成立。

$$\frac{Q_2}{Q_1} = \frac{\phi(T_2)}{\phi(T_1)}$$

證明分成三階段。

(1) 現在有高溫熱源（溫度 T_2）和低溫熱源（溫度 T_1），以及兩個卡諾循環 C 和 C′。兩者對外界都作一樣的功 W。循環 C 從高溫熱源取得正熱量 Q_2，對低溫熱源提出正熱量 Q_1；循環 C′ 則從高溫熱源取得正熱量 Q_2'，對低溫熱源提出正熱量 Q_1'。接著假設一個 C′ 的反循環 $\overline{C}'$，來求這些熱量的關係。$\overline{C}'$ 從低溫熱源取得熱量 Q_1'，並接受外界的功 W，對高溫熱源提出熱量 Q_2'。

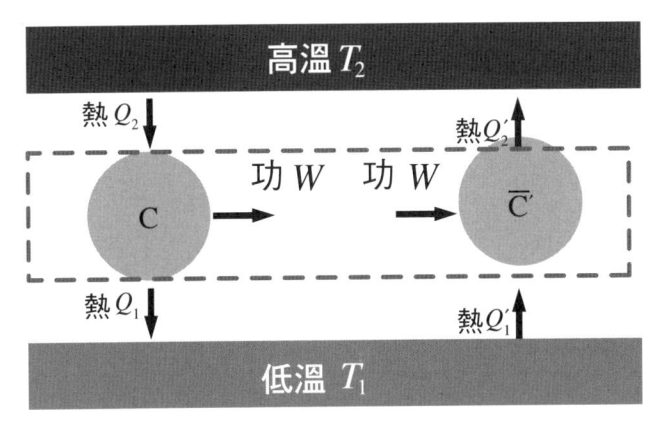

卡諾循環的一致性

請看上圖。我們把 C 與 $\overline{C}'$ 看成一個循環 C＋$\overline{C}'$。那麼它只會從高溫熱源取得 Q_2-Q_2' 的熱量，對低溫熱源提供 Q_1-Q_1' 的熱量，此外不產生任何變化。根據第一定律，$Q_1-Q_1'=Q_2-Q_2'$。如果結果為負數，此循環便不符合克勞休原理，所以不為負數。

於是我們考慮結果為正數的情況。如果為正數，根據克勞休原理的其他說法，過程為不可逆。但是原本定義 C 與 C' 都為可逆，所以 C＋C' 也應該可逆。所以此結果也不為正，只能為零。

於是 $Q_1=Q_1'$，且 $Q_2=Q_2'$。

所以，靠兩個相同熱源推動，且對外作功等量的所有卡諾循環，在熱源間交換的熱量也相同。只要決定 T_1、T_2、W，就能決定 Q_1 和 Q_2。也就是以下式子。

$$Q_1 = Q_1(T_1, T_2 ; W), Q_2 = Q_2(T_1, T_2 ; W)$$

(2)接著考慮卡諾循環重覆進行 n 次的情況。此時循環從高溫熱源取得的熱量,對低溫熱源提出的熱量,以及對外作的功,當然也都成為 n 倍。如以下所示。

$$Q_2(T_1, T_2 ; nW) = nQ_2(T_1, T_2 ; W),$$
$$Q_1(T_1, T_2 ; nW) = nQ_1(T_1, T_2 ; W)$$

兩邊相除之後如下。

$$\frac{Q_2(T_1, T_2; nW)}{Q_1(T_1, T_2; nW)} = \frac{Q_2(T_1, T_2; W)}{Q_1(T_1, T_2; W)}$$

其中 n 為任意常數,所以 Q_2 和 Q_1 的比值與 W 無關。而是如下。

$$\frac{Q_2}{Q_1} = f(T_1, T_2)$$

(3)接下來準備下圖所示的三個熱源 R_0、R_1、R_2(溫度分別為 T_0、T_1、T_2),R_2 與 R_1 之間有卡諾循環 C,R_1 與 R_0 之間則有卡諾循環 C'。

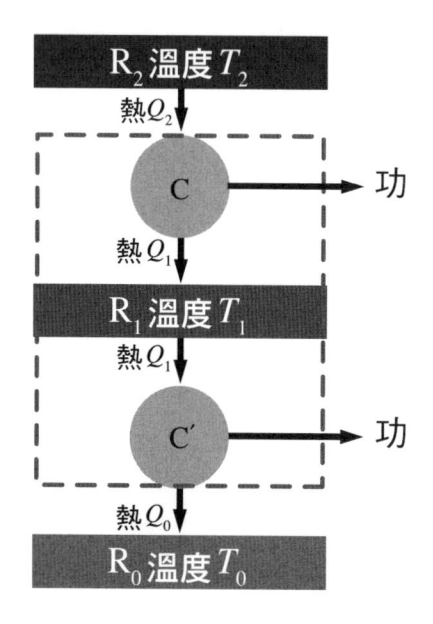

C 從熱源 R_2 取得熱量 Q_2，對熱源 R_1 提供熱量 Q_1；C′ 則從熱源 R_1 取得熱量 Q_1，對熱源 R_0 提供熱量 Q_0。C、C′ 以及 C＋R_1＋C′ 都是卡諾循環，所以下列式子成立。

$$\frac{Q_2}{Q_1} = f(T_1, T_2), \quad \frac{Q_1}{Q_0} = f(T_0, T_1), \quad \frac{Q_2}{Q_0} = f(T_0, T_2)$$

從而以下式子也成立。

$$f(T_1, T_2) = \frac{f(T_0, T_2)}{f(T_0, T_1)}$$

其中等號左邊與 T_0 無關，所以右邊也與 T_0 無關，故可以寫成以下式子。

$$f(T_1, T_2) = \frac{\phi(T_2)}{\phi(T_1)}$$

我看，裡面的 ϕ 是希臘字母吧。

$\phi(T)$ 是溫度函數。可以改寫成這樣。

$$\frac{Q_2}{Q_1} = \frac{\phi(T_2)}{\phi(T_1)}$$

這樣就證明完成了！

啊！你們兩個！
竟然最後才跑出來撿便宜！

呵、呵、呵～！
其實我們剛剛一直在偷聽喔！

想甩開我們，再等十年吧！

……。

4.3 循環的效率

說到循環的**效率（熱效率）**呢，就是看循環從高溫熱源取得的熱量 Q_2 中，有多少可以轉換為對外界作的功 W，定義如下。

$$\eta = \frac{W}{Q_2} = 1 - \frac{Q_1}{Q_2}$$

其中 η 表示效率。在卡諾循環中 $\frac{Q_1}{Q_2} = \frac{T_1}{T_2}$，所以可寫成

$$\eta = 1 - \frac{T_1}{T_2}$$

那麼包括非可逆的一般循環又是如何呢？可以寫成以下的式子。

$$\eta = 1 - \frac{Q_1}{Q_2} \leq 1 - \frac{T_1}{T_2}$$

意思就是循環效率有上限存在，而上限取決於卡諾循環的效率。

是喔……那要怎麼證明呢？

這也要用到反證法。假設某個循環的效率超過卡諾循環效率，就會違背開爾文原理。正好給妳當證明作業！

早知道就不問了……

4.4 克勞休不等式

這樣妳清楚熱力學的溫度了嗎?

接著要說明**「克勞休不等式」**囉。

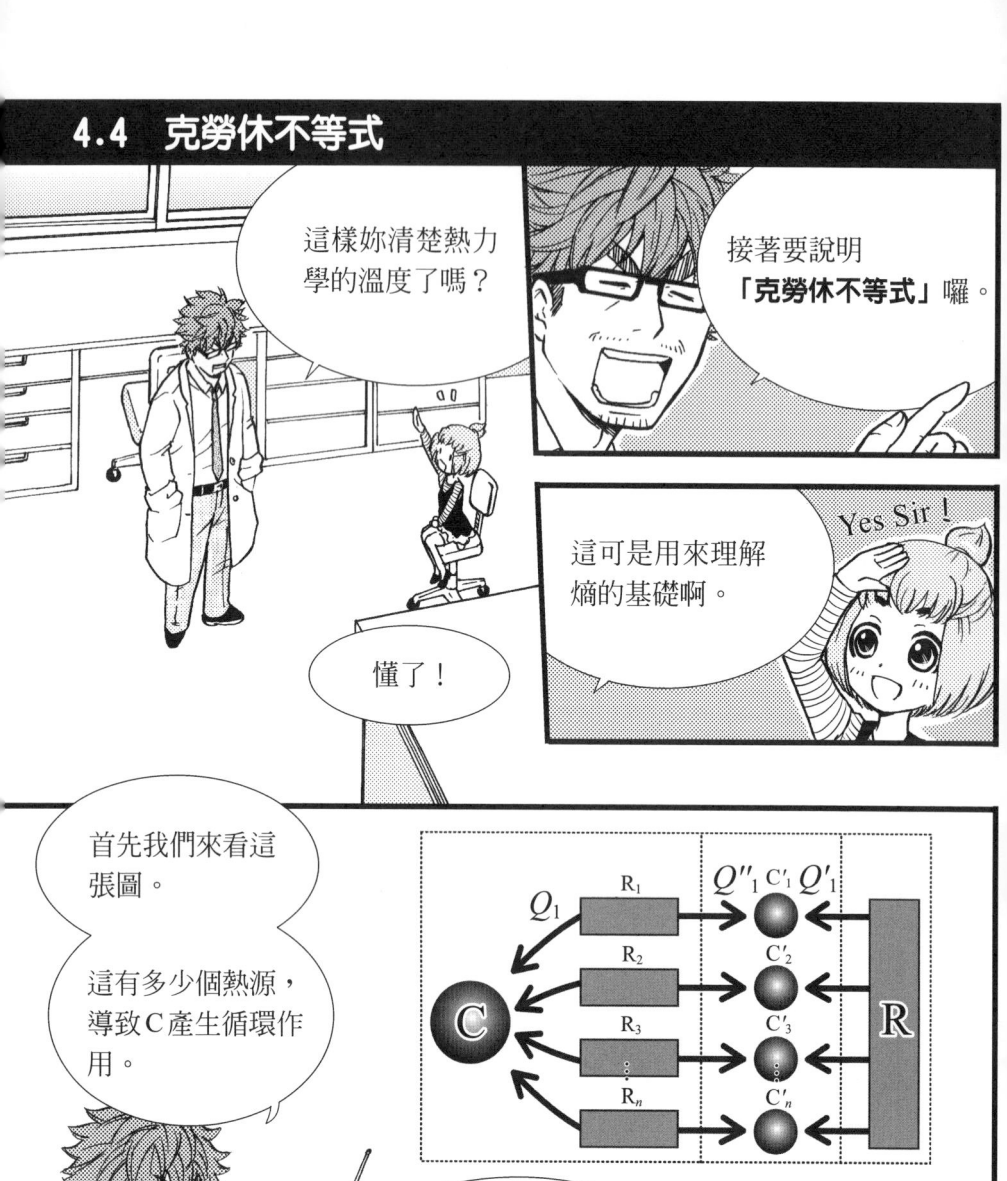

這可是用來理解熵的基礎啊。

Yes Sir！

懂了！

首先我們來看這張圖。

這有多少個熱源，導致 C 產生循環作用。

這裡的問題，在於 C 是可逆或不可逆。

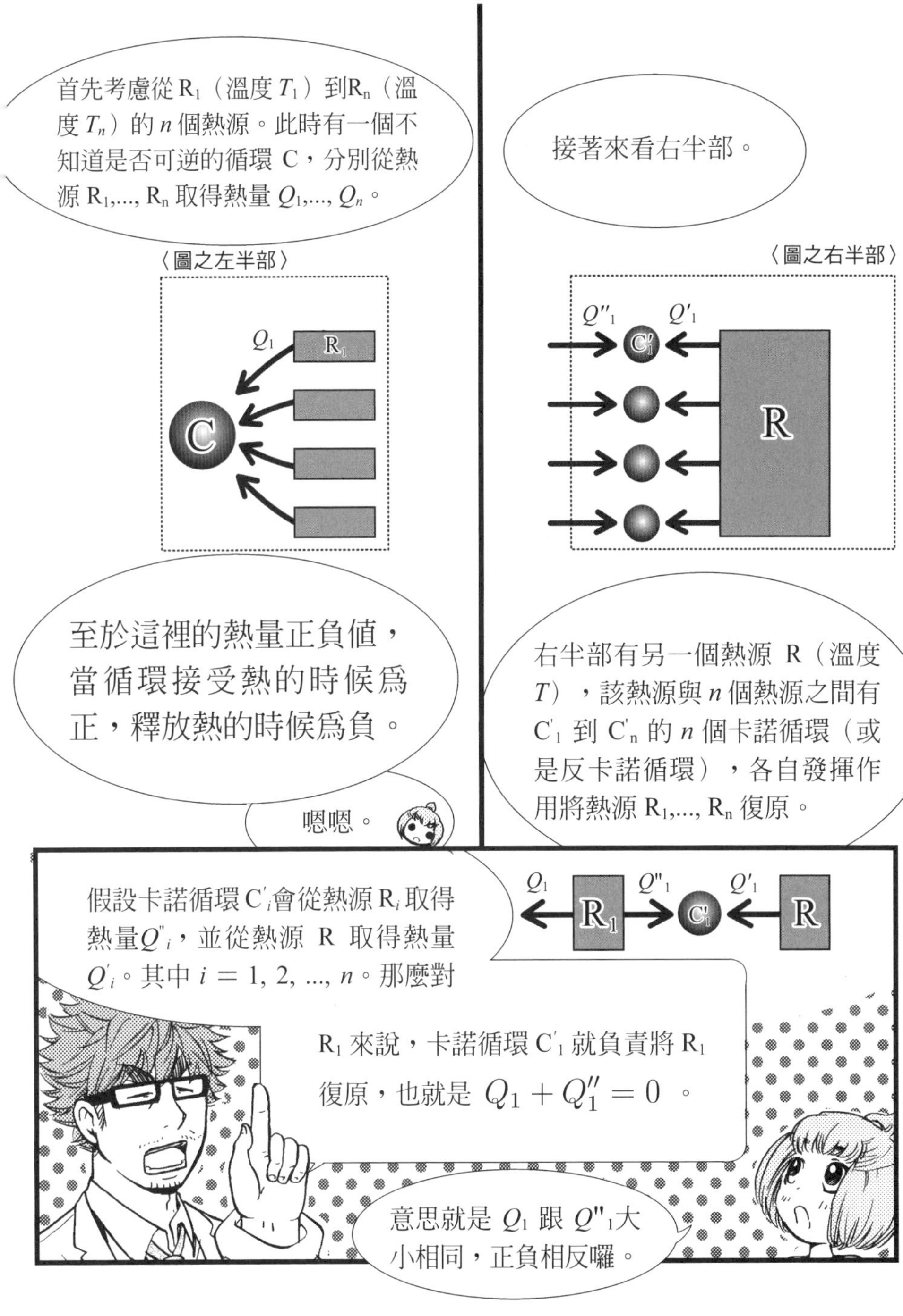

首先考慮從 R_1（溫度 T_1）到 R_n（溫度 T_n）的 n 個熱源。此時有一個不知道是否可逆的循環 C，分別從熱源 $R_1,..., R_n$ 取得熱量 $Q_1,..., Q_n$。

〈圖之左半部〉

接著來看右半部。

〈圖之右半部〉

至於這裡的熱量正負值，當循環接受熱的時候為正，釋放熱的時候為負。

嗯嗯。

右半部有另一個熱源 R（溫度 T），該熱源與 n 個熱源之間有 C'_1 到 C'_n 的 n 個卡諾循環（或是反卡諾循環），各自發揮作用將熱源 $R_1,..., R_n$ 復原。

假設卡諾循環 C'_i 會從熱源 R_i 取得熱量 Q''_i，並從熱源 R 取得熱量 Q'_i。其中 $i = 1, 2, ..., n$。那麼對 R_1 來說，卡諾循環 C'_1 就負責將 R_1 復原，也就是 $Q_1 + Q''_1 = 0$。

意思就是 Q_1 跟 Q''_1 大小相同，正負相反囉。

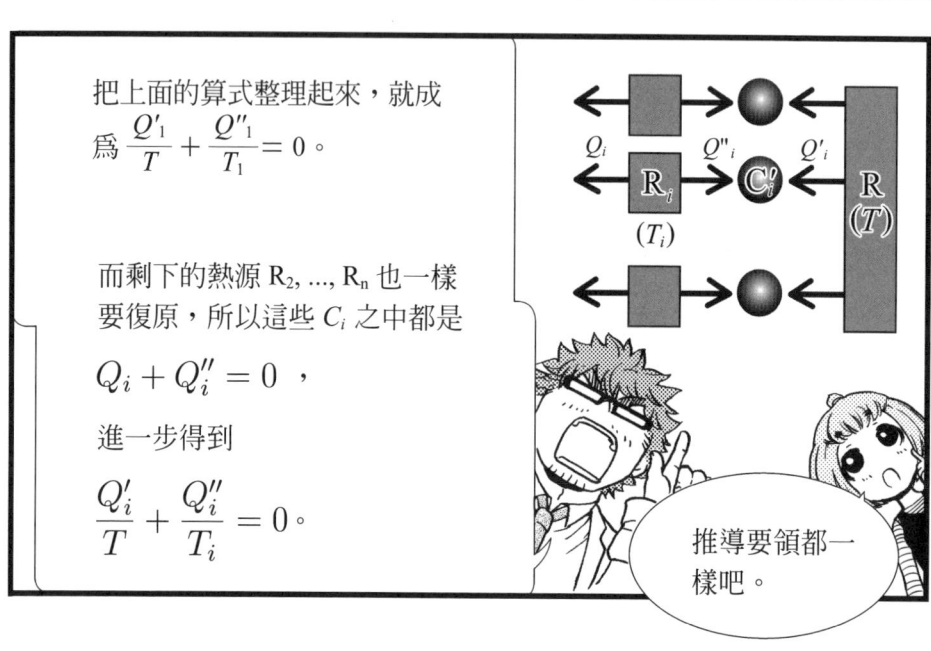

為什麼 Q_1' 要加負號呢？

而且因為 C_1' 是卡諾循環，所以根據前面提過的熱力學定義，

$$\frac{Q_1''}{-Q_1'} = \frac{T_1}{T}$$

一定要成立才行。

因為卡諾循環吸收熱與釋放熱的比值，就是熱力學溫度的比值。

所以 Q_1' 要加負號。

把上面的算式整理起來，就成為 $\dfrac{Q_1'}{T} + \dfrac{Q_1''}{T_1} = 0$。

而剩下的熱源 $R_2, ..., R_n$ 也一樣要復原，所以這些 C_i 之中都是

$$Q_i + Q_i'' = 0,$$

進一步得到

$$\frac{Q_i'}{T} + \frac{Q_i''}{T_i} = 0。$$

推導要領都一樣吧。

接著把以上算式的 $i=1$ 到 n 全都加起來,就變成

$$\frac{1}{T}\sum_{i=1}^{n} Q'_i + \sum_{i=1}^{n} \frac{Q''_i}{T_i} = 0 \text{。}$$

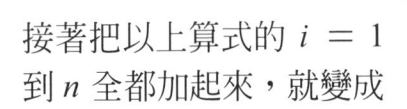

但是要把 R_i 復原的話……

$$\frac{1}{T}\sum_{i=1}^{n} Q'_i = \sum_{i=1}^{n} \frac{Q_i}{T_i}$$

就一定要成立了。

是啊。

然後熱源 R 對循環 $C'_1, ..., C'_n$ 提供的熱為 $Q' = \sum_{i=1}^{n} Q'_i$,則可以得到

$$\frac{Q'}{T} = \sum_{i=1}^{n} \frac{Q_i}{T_i} \text{。}$$

原來如此。

我們把 C、C' 和熱源 $R_1, ..., R_n$ 總合起來當作一個循環。

所以根據熱力學第一定律,這個循環就會從熱源 R 取得熱量 Q',並對外界作相當的功囉。

沒錯。我們來看看其中Q′爲正、負、零的情況吧。
正
負
零
Q′
R
都不一樣嗎？
首先，Q′＞0會發生什麼事呢？
如此一來，整個大循環就會從熱源R取得正熱量，並全部轉換爲對外界的功。
Q′
100%
100%
功
熱
R
〈正的情況〉
……但是妳還記得開爾文原理吧？
咦？
翻頁翻頁
我記得是……
「若某個循環從熱源取出正熱，並對外做出與該熱量等量之功，則該循環不存在」。
沒錯，所以這個循環不存在。
意思就是Q′不可能大於零囉。
那如果Q′小於零的話……
代表整個大循環接受外界作功，並將等量的熱提供給熱源R……
100%
功
100%
熱
R
〈負的情況〉
如果反過來看這個過程……

意思就是這個循環不可逆囉？

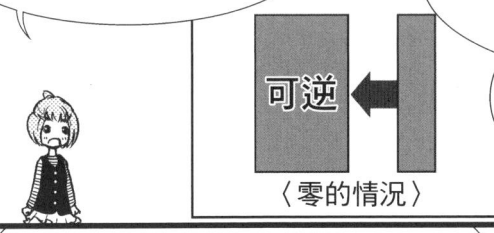

是這麼說沒錯。不過一開始假設的 $C'_1, ..., C'_n$ 都可逆，

反過來看也是從熱源取出正熱，並百分之百轉換為對外界作功，也違反開爾文原理，

所以原本的循環 C 是不可逆。

我知道了！所以無法恢復原本的過程……！

那 Q' 為零的話……

〈零的情況〉

這時候整個大循環就沒有任何變化。意思就是 C 循環所進行的熱移動會使 $C'_1, ..., C'_n$ 恢復原本狀態。而這時候 C 也可以看成可逆循環。

把結果整理一下吧。

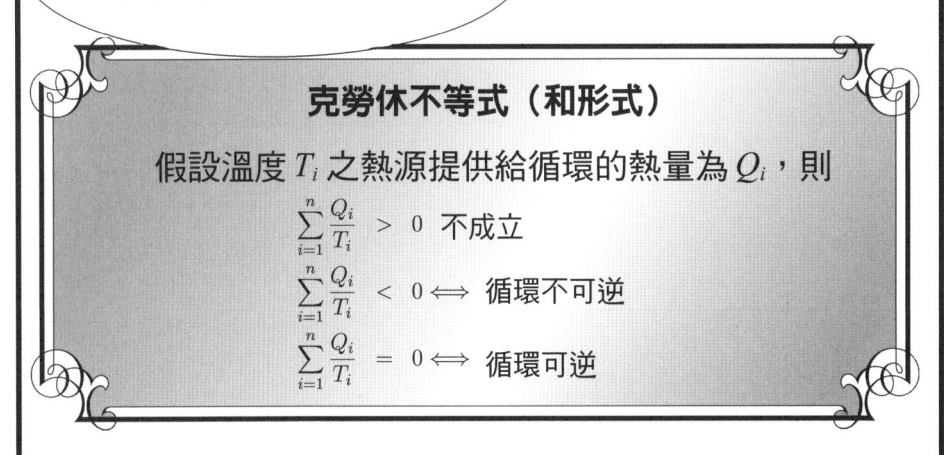

克勞休不等式（和形式）

假設溫度 T_i 之熱源提供給循環的熱量為 Q_i，則

$$\sum_{i=1}^{n} \frac{Q_i}{T_i} > 0 \text{ 不成立}$$

$$\sum_{i=1}^{n} \frac{Q_i}{T_i} < 0 \Longleftrightarrow \text{ 循環不可逆}$$

$$\sum_{i=1}^{n} \frac{Q_i}{T_i} = 0 \Longleftrightarrow \text{ 循環可逆}$$

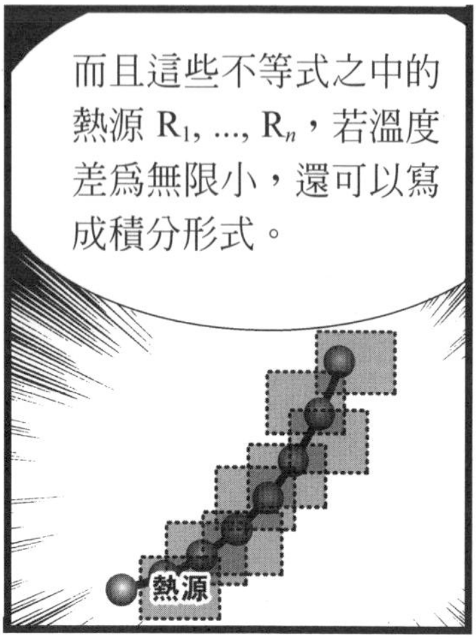

克勞休不等式（積分形式）

假設溫度 T 之熱源提供給循環的極小熱量為 $d'Q$，則

$$\oint \frac{d'Q}{T} > 0 \text{ 不成立}$$

$$\oint \frac{d'Q}{T} < 0 \Longleftrightarrow \text{ 循環不可逆}$$

$$\oint \frac{d'Q}{T} = 0 \Longleftrightarrow \text{ 循環可逆}$$

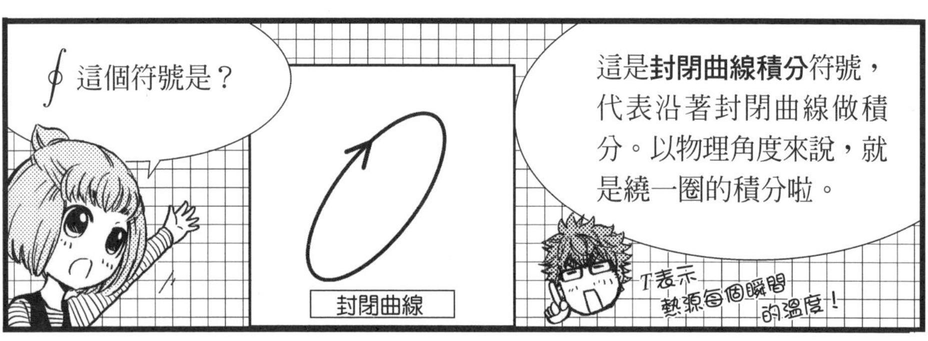

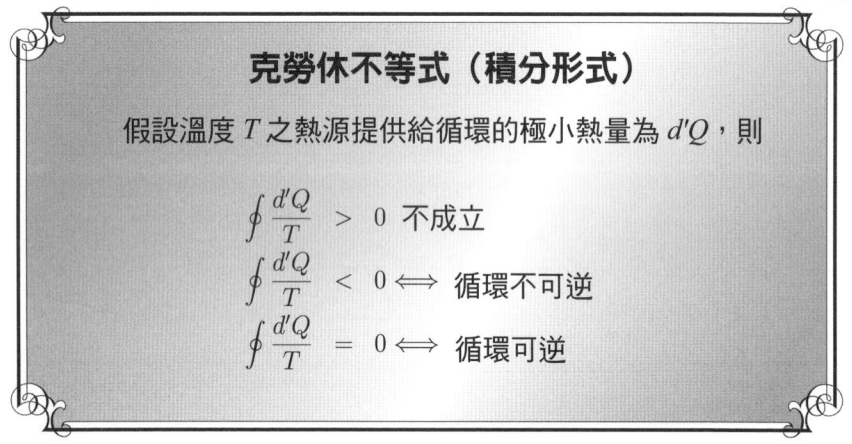

4.5 熵

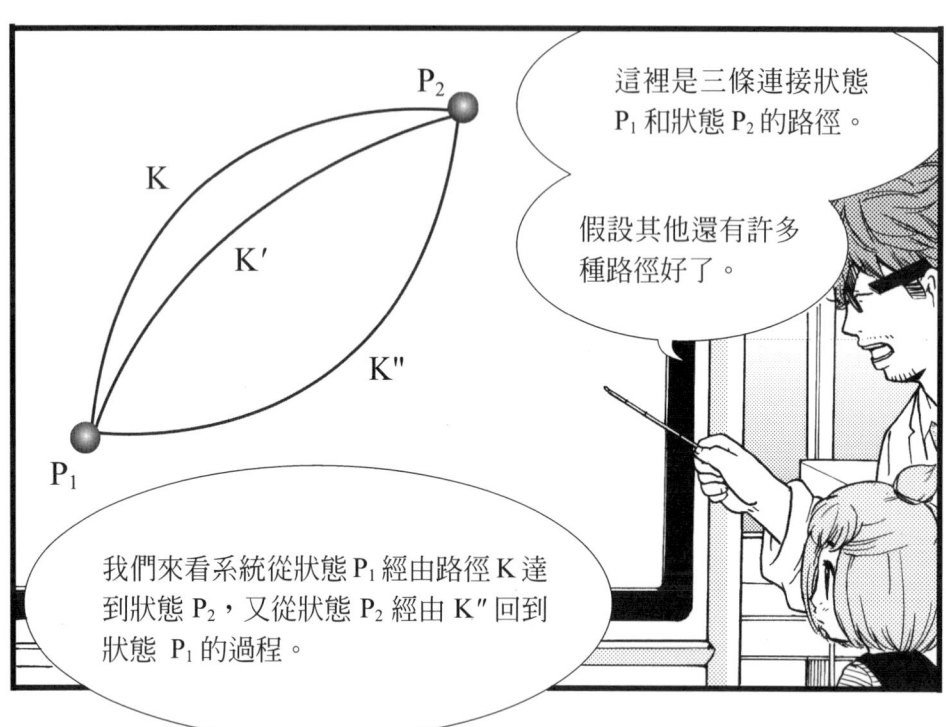

這裡是三條連接狀態 P_1 和狀態 P_2 的路徑。

假設其他還有許多種路徑好了。

我們來看系統從狀態 P_1 經由路徑 K 達到狀態 P_2，又從狀態 P_2 經由 K″ 回到狀態 P_1 的過程。

如果這些是可逆過程，則

$$\int_{P_1KP_2} \frac{d'Q}{T} + \int_{P_2K''P_1} \frac{d'Q}{T} = 0$$

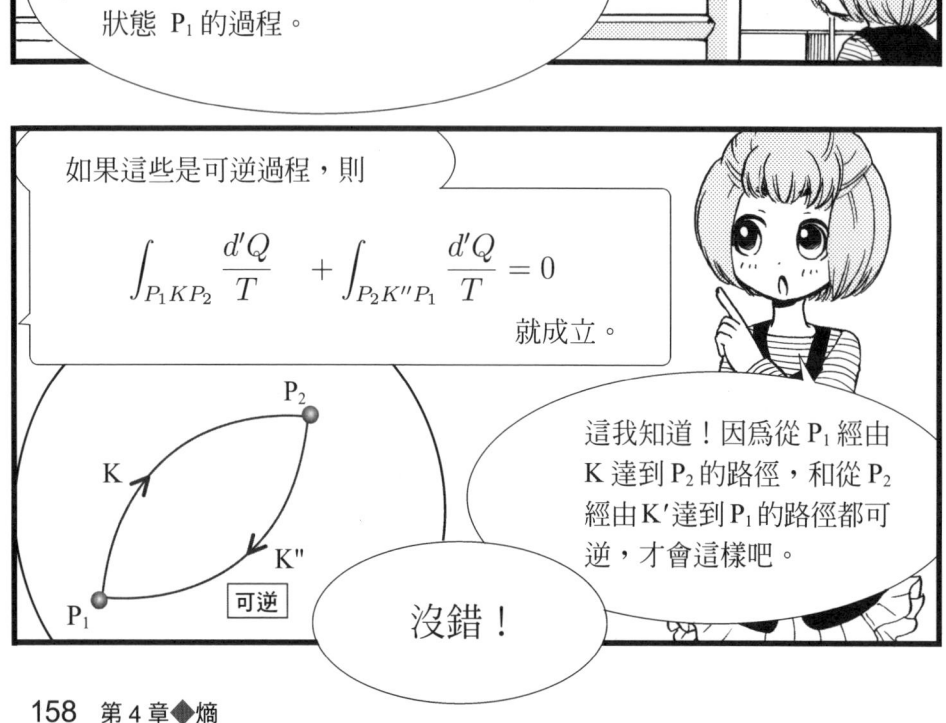

就成立。

這我知道！因為從 P_1 經由 K 達到 P_2 的路徑，和從 P_2 經由 K′ 達到 P_1 的路徑都可逆，才會這樣吧。

可逆

沒錯！

如果從 P_1 到 P_2 的變化不走可逆路徑 K，而走可逆路徑 K'，算式會有什麼改變呢？

路徑不一樣，應該會變成

$$\int_{P_1 K' P_2} \frac{d'Q}{T} + \int_{P_2 K'' P_1} \frac{d'Q}{T} = 0 \text{ 吧}\text{。}$$

這麼一來就得到

$$\int_{P_1 K P_2} \frac{d'Q}{T} = \int_{P_1 K' P_2} \frac{d'Q}{T} \text{。}$$

只是 K 變成 K' 而已

答對啦。

也就是說，只要是可逆路徑，不管從 P_1 到 P_2 選擇哪條可逆路徑，積分結果都一樣。

寫成算式就是

$$\int_{P_1 \to P_2 (\text{可逆})} \frac{d'Q}{T} \text{。}$$

所以不拘路徑都可以使用同一個積分式囉。
好厲害喔！
之前都在探討 P_1 到 P_2 經過何種狀態變化，
接著我們稍微改寫一下。
P_2
P_1
假設起始狀態（起點）為狀態 P_0，最終狀態（終點）為狀態 P。
路徑都是可逆路徑。將 P_0 決定在某個基準狀態，並維持不變。
最終狀態
P
P_0
起始狀態
原來如此，就是要固定起點吧。
那就可以改寫成這樣。
$\int_{P_0 \to P}$（可逆）$\frac{d'Q}{T}$
這可以進一步寫成 $S = \int_{P_0 \to P}$（可逆）$\frac{d'Q}{T}$，稱為狀態 P 的熵。
因為路徑起點 P_0 固定，所以這個積分的結果僅受系統狀態 P 影響。

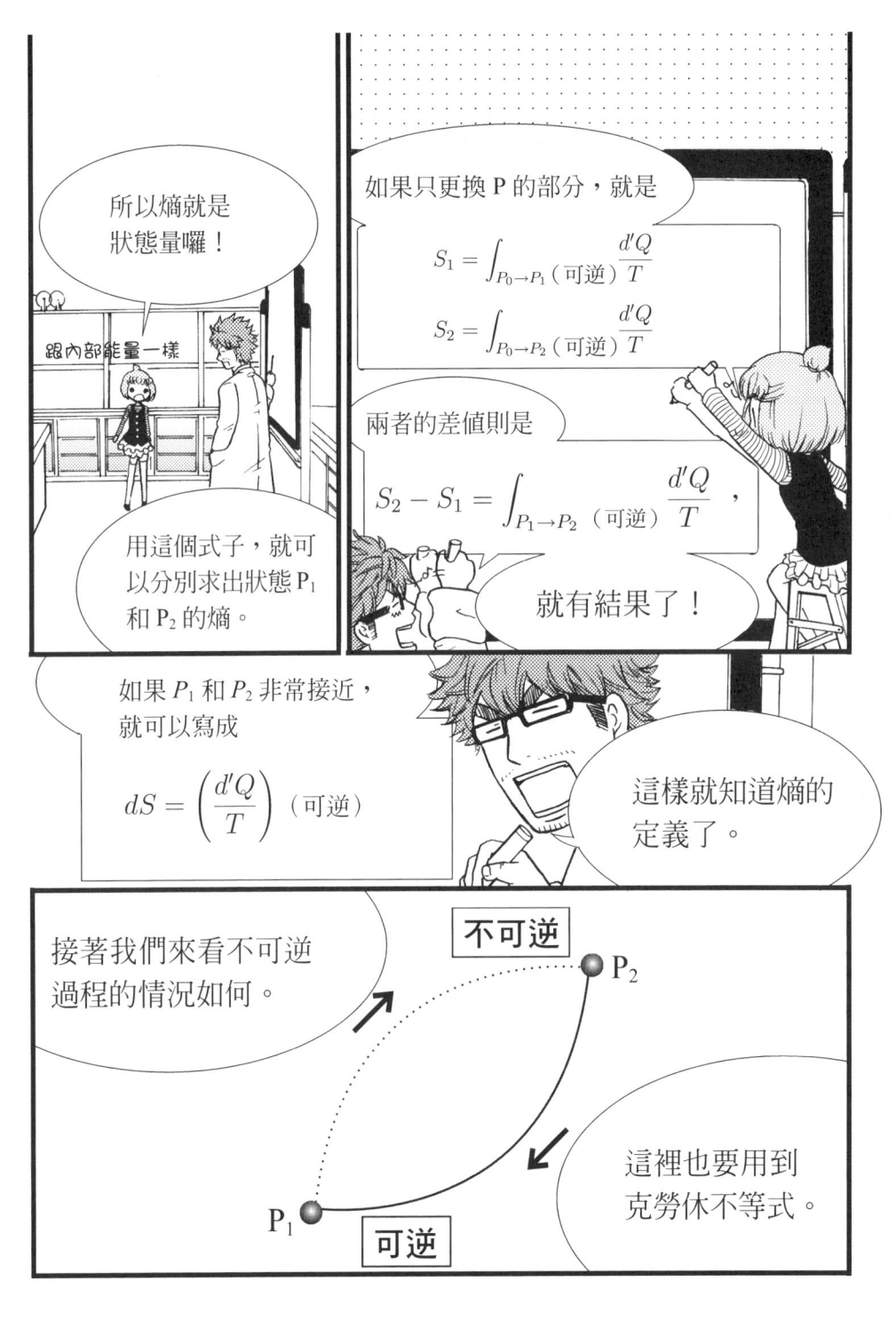

所以熵就是狀態量囉！

跟內部能量一樣

用這個式子，就可以分別求出狀態 P_1 和 P_2 的熵。

如果只更換 P 的部分，就是

$$S_1 = \int_{P_0 \to P_1} \text{（可逆）} \frac{d'Q}{T}$$

$$S_2 = \int_{P_0 \to P_2} \text{（可逆）} \frac{d'Q}{T}$$

兩者的差值則是

$$S_2 - S_1 = \int_{P_1 \to P_2} \text{（可逆）} \frac{d'Q}{T},$$

就有結果了！

如果 P_1 和 P_2 非常接近，就可以寫成

$$dS = \left(\frac{d'Q}{T}\right) \text{（可逆）}$$

這樣就知道熵的定義了。

接著我們來看不可逆過程的情況如何。

不可逆

可逆

這裡也要用到克勞休不等式。

不可逆

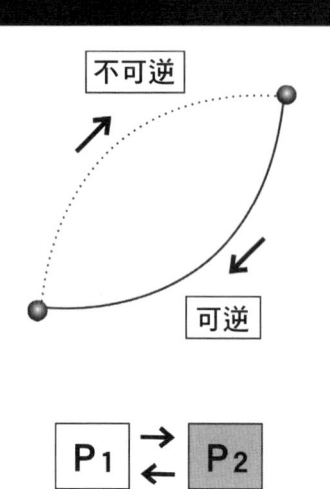

可逆

P₁ ⇄ P₂

如圖所示,假設 P_1 和 P_2 的狀態變化中,去程是不可逆變化,回程為可逆變化,然後回到原本狀態,

將這整個系統看成一個循環,
那麼整體為不可逆,
所以可寫成

$$\int_{P_1 \to P_2 (\text{不可逆})} \frac{d'Q}{T} + \int_{P_2 \to P_1 (\text{可逆})} \frac{d'Q}{T} < 0$$

接著根據前面講過的內容,
就可逆過程來說,

第二項的差值等於 $\int_{P_2 \to P_1 (\text{可逆})} \frac{d'Q}{T} = S_1 - S_2$

所以整個算式可以寫成

$$\int_{P_1 \to P_2 (\text{不可逆})} \frac{d'Q}{T} < S_2 - S_1$$

在此,這個系統進入不可逆過程時,就自外界獨立。

孤立

也可以說這個不可逆過程在絕熱狀態下進行。

絕熱

這麼一來,與外界的熱交流 $d'Q$ 等於零。

也就可以寫成

$$\int_{P_1 \to P_2 (\text{不可逆})} \frac{d'Q}{T} = 0$$

外界

那再把這個式子代到上一頁的算式中……就是……

$$\int_{P_1 \to P_2 (\text{不可逆})} \frac{d'Q}{T} < S_2 - S_1$$

我知道了!
會變成

$$S_2 - S_1 > 0$$

對吧!

沒錯。所以絕熱系統或獨立系統如果屬於不可逆過程，那麼熵就會一直增加。
P2
不可逆
P1
如果去程是可逆過程，那 S_2-S_1 就為零。
P2
P1
可逆
把這些結果整理一下，就是說……
絕熱系統或獨立系統的熵絕對不會減少，
而且如果絕熱系統或獨立系統進行不可逆過程，熵就只會增加。
這就是我們一開始看過的一致性增長律。

一致性增長律

絕熱系統或獨立系統中的熵不會減少。而且如果絕熱系統或獨立系統進行不可逆過程，熵就只會增加。

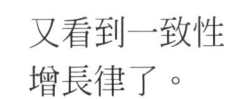

又看到一致性增長律了。

這也是熱力學第二定律的另一種說法。

所以熵就是熱力學第二定律的特有狀態量。

熱力學第二定律

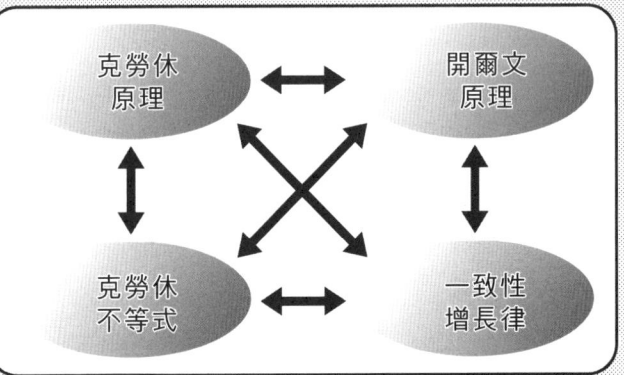

克勞休原理 ↔ 開爾文原理

克勞休不等式 ↔ 一致性增長律

4.6 熵與熱力學第一定律

前面定義過了熵,現在我們用熵來重新定義熱力學第一定律。

假設現在有兩個非常接近的狀態 1 和狀態 2。狀態 1 的內部能量、熵、體積分別為 U、S、V,狀態 2 則分別為 $U+dU$、$S+dS$、$V+dV$。當系統從狀態 1 變化為狀態 2,根據熱力學第一定律,可以寫成

$$dU = d'Q + d'W$$

如果從狀態 1 到狀態 2 為準靜過程,則 $d'Q$ 可寫成

$$d'Q = TdS$$

另一方面,$d'W$ 若加上流體靜壓力 P,可寫成

$$d'W = -pdV$$

於是進一步寫成

$$dU = TdS - pdV$$

上面這個式子代表兩個狀態的狀態函數 U、S、V 非常接近時,兩者之間的差值。所以無論過程如何都會成立。這是基礎算式,請務必記住。

我們考慮 V 為定值時,微分該算式中的 S 會有什麼情況。V 為定值則 $dV=0$。所以得到

$$T = \left(\frac{\partial U}{\partial S}\right)_V$$

也就是在定容變化之下,溫度與內部能量熵變化的變化率。另一方面,若使 S 為定值來微分,會得到

$$p = -\left(\frac{\partial U}{\partial V}\right)_S$$

S 為定值的極小變化代表準靜絕熱過程，所以這就是準靜絕熱過程中，壓力與內部能量體積變化的變化率，取負數。這樣看來，我們可以自由控制 S 與 V，所以 S 與 V 都屬於參數。

另一方面，內部能量 U 與體積 V 也可以看成參數，寫成以下算式會比較方便了解。

$$dS = \frac{1}{T}dU + \frac{p}{T}dV$$

與之前一樣，計算熵 S 的偏微分，會得到以下關係式。

$$\frac{1}{T} = \left(\frac{\partial S}{\partial U}\right)_V, \quad \frac{p}{T} = \left(\frac{\partial S}{\partial V}\right)_U$$

4.7 焓與自由能

將熵與體積當成參數時，內部能量就是一個方便的函數。但是也可以把溫度或壓力當成參數。這樣又可以定義出各種不同的函數。

這裡我們要開始講到**焓**。請注意熵與焓看起來很相似，但意義完全不同。焓 H 的定義如下。

$$H = U + pV$$

不很困難吧。將這個式子微分可得到

$$dH = dU + pdV + Vdp$$

用這條算式改寫第一定律

$$d'Q = dU + pdV$$

則得到

$$d'Q = dH - Vdp$$

將其中的溫度 T 與壓力 p 當作參數，可以改寫成

$$dH = \left(\frac{\partial H}{\partial T}\right)_p dT + \left(\frac{\partial H}{\partial p}\right)_T dp$$

所以進一步可寫成

$$d'Q = \left(\frac{\partial H}{\partial T}\right)_p dT + \left[\left(\frac{\partial H}{\partial p}\right)_T - V\right] dp$$

考慮定壓變化，$dp = 0$，所以定壓比熱 C_p 如下。

$$C_p = \left(\frac{\partial H}{\partial T}\right)_p$$

也就是說壓力固定的情況下，定壓比熱等於焓溫度的偏微分。

如果想從物理觀點了解焓是什麼，那就要看看第一定律。

$$d'Q = dU + pdV$$

我們知道當體積固定，熱量流入多少，內部能量就增加多少。如果壓力固定的話，可以寫成以下式子。

$$d'Q = dH - Vdp$$

可見熱流入多少，焓就增加多少。這樣看來，體積維持不變時的內部能量，與壓力維持不變時的焓，兩者功能相當類似。在準靜過程中，$d'Q = TdS$，所以可寫成

$$dH = TdS + Vdp$$

將這算式中的熵與壓力當作參數，就會得到

$$T = \left(\frac{\partial H}{\partial S}\right)_p, \quad V = \left(\frac{\partial H}{\partial p}\right)_S$$

如果想把溫度與體積當成參數，可以使用**亥姆霍茲自由能**，比較容易描述。亥姆霍茲自由能F定義如下。

$$F = U - TS$$

將它微分可得到

$$dF = -SdT - pdV$$

所以結果就是

$$S = -\left(\frac{\partial F}{\partial T}\right)_V, \quad p = -\left(\frac{\partial F}{\partial V}\right)_T$$

亥姆霍茲自由能通常簡稱為**自由能**。

如果想把溫度與壓力當成參數,可以使用**吉布斯自由能**,比較容易描述。吉布斯自由能 G 定義如下。

$$G = U - TS + pV$$

將它微分可得到

$$dG = -SdT + Vdp$$

所以結果就是

$$S = -\left(\frac{\partial G}{\partial T}\right)_p, \quad V = \left(\frac{\partial G}{\partial p}\right)_T$$

我們已經討論過許多熱力學內容,大致可以分為兩類。首先,處於某種平衡狀態的某個系統,可以分成數個部分,再把整個系統當成個部分的集合來看。

- **外延量**:代表該量值的系統總量,等於各部分量的和。也就是說,若有兩個、三個……多個相同系統,再全部組成一整個系統,該量值就會成為兩倍、三倍……多倍。例如體積、內部能量、熵、亥姆霍茲自由能、吉布斯自由能等等。
- **內含量**:代表該量值的系統總量,等於各部分量。此時無論有幾個相同系統,該量值都不會改變。例如溫度和壓力。

假設有兩個、三個……多個相同系統,則外延量會變成兩倍、三倍……多倍,但兩個外延量的比值不變。所以外延量除以外延量等於內含量。而外延量除以內含量等於外延量。可以寫成以下式子。

$$\frac{(外延量)}{(外延量)} = (內含量), \quad \frac{(外延量)}{(內含量)} = (外延量)$$

這個關係在微分時依然成立。以外延量微分外延量會得到內含量,以內含量微分外延量會得到外延量。我們來實際確認一下。

4.8 麥斯威爾關係式

前面說過,理想氣體進行自由膨脹並不會改變溫度。那麼真實氣體又如何呢?有一個非常方便的工具可以探討這一點,那就是麥斯威爾關係式。首先我們推導麥斯威爾關係式,再用來計算真實氣體自由膨脹時的溫度變化。

一個二元函數 $f(x, y)$ 的偏微分如下,

$$\frac{\partial^2 f}{\partial x \partial y} = \frac{\partial^2 f}{\partial y \partial x}$$

意思就是,我們可以交換偏微分的順序。
這麼一來,$U = U(S, V)$ 的偏微分就是

$$\frac{\partial^2 U}{\partial S \partial V} = \frac{\partial^2 U}{\partial V \partial S}$$

進一步推導出

$$\left(\frac{\partial p}{\partial S}\right)_V = -\left(\frac{\partial T}{\partial V}\right)_S$$

同樣地,$H = H(S, p)$,$F = F(T, V)$,$G = G(T, p)$ 分別可以導出

$$\left(\frac{\partial V}{\partial S}\right)_p = \left(\frac{\partial T}{\partial p}\right)_S$$
$$\left(\frac{\partial S}{\partial V}\right)_T = \left(\frac{\partial p}{\partial T}\right)_V$$
$$\left(\frac{\partial S}{\partial p}\right)_T = -\left(\frac{\partial V}{\partial T}\right)_p$$

以上四個關係式就是**麥斯威爾關係式**。
我們可以用麥斯威爾關係式導出很有用的關係式。

$$dU = TdS - pdV$$

首先，使用上面式子，使溫度固定不變，而從體積變化時的變化率可得以下的偏微分式。

$$\left(\frac{\partial U}{\partial V}\right)_T = T\left(\frac{\partial S}{\partial V}\right)_T - p$$

在此使用麥斯威爾關係式之一

$$\left(\frac{\partial S}{\partial V}\right)_T = \left(\frac{\partial p}{\partial T}\right)_V$$

則成為

$$\left(\frac{\partial U}{\partial V}\right)_T = T\left(\frac{\partial p}{\partial T}\right)_V - p$$

這是所謂的**能量式**。只要決定狀態方程式，就可求出等號右邊是多少。

如果使用能量式與狀態方程式

$$pV = R'T$$

就可以寫出

$$\left(\frac{\partial U}{\partial V}\right)_T = 0$$

這代表理想氣體的內部能量僅與溫度有關，與體積無關。

那麼真實氣體又如何呢？讓我們再次回想凡德瓦爾狀態方程式。

$$\left(p + \frac{a}{V^2}\right)(V - b) = RT$$

其中 a、b 都是正的常數。將方程式中兩邊的 V 固定，對 T 微分，此時 V 在微分中為常數。所以得到

$$\left(\frac{\partial p}{\partial T}\right)_V = \frac{R}{V-b}$$

將這個結果帶入能量式的右邊,並再使用一次凡德瓦爾狀態方程式,就可得到以下式子。

$$\left(\frac{\partial U}{\partial V}\right)_T = \frac{a}{V^2}$$

因此我們知道真實氣體的內部能量同時與溫度和體積有關。等號右邊為正值,所以得知在相同溫度下,體積越大,內部能量就越大。

在這裡使用偏微分關係式

$$\left(\frac{\partial U}{\partial V}\right)_T \left(\frac{\partial V}{\partial T}\right)_U \left(\frac{\partial T}{\partial U}\right)_V = -1$$

以及

$$\left(\frac{\partial T}{\partial U}\right)_V = \left(\frac{\partial U}{\partial T}\right)_V^{-1}, \quad \left(\frac{\partial V}{\partial T}\right)_V = \left(\frac{\partial T}{\partial V}\right)_V^{-1}, \quad \left(\frac{\partial U}{\partial T}\right)_V = C_V$$

就可得到以下式子。

$$\left(\frac{\partial T}{\partial V}\right)_U = -\frac{1}{C_V}\left(\frac{\partial U}{\partial V}\right)_T$$

等號左邊是內部能量固定時,溫度對體積變化的微分函數,可以表示氣體在自由膨脹下的溫度變化。理想氣體的情況如下。

$$\left(\frac{\partial T}{\partial V}\right)_U = 0$$

所以理想氣體的自由膨脹不會有溫度變化。稀薄真實氣體的情況則是

$$\left(\frac{\partial T}{\partial V}\right)_U = -\frac{1}{C_V}\frac{a}{V^2}$$

所以自由膨脹會造成溫度下降。也就是說,理想氣體進行自由膨脹並不會改變溫度,但真實氣體則會降低溫度。

4.9 邁向統計力學

熱力學課程就結束了！

……講到這裡呢，

咦咦！結束了嗎？

益永研究室

當然熱力學的內容還有很多，但是妳目前學到這裡就夠了！

對喔，原本就是為了學分才學的……

但是我總覺得還有的學呢……

是嗎？那妳一定要學**統計力學**啦！

統計力學？

妳有沒有聽說過「熵表示系統的混亂程度」這句話？

有啊！我本來以為會學到這句話的，但是熱力學怎麼沒教呢？

想要理解「系統的混亂程度」，必須先了解構成物質的各種原子與分子，再來解釋熵。

而統計力學，就是從原子、分子層級來推導整體特性的學問！

熱力學和統計力學，基本上都是針對肉眼可見的物體，也就是巨觀的（macro）系統來討論熱的性質。

熱力學先承認巨觀系統符合的數項基本經驗法則，再去推導巨觀性質。另一方面，統計力學則是從原子、分子等微觀的（micro）系統的物理性質，來推導巨觀系統的性質。

巨觀系統
從幾項基本的經驗法則來推導巨觀系統的性質。

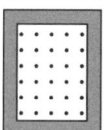

微觀系統
從微觀系統的物理性質來推導巨觀系統的性質。

原來如此。比方說統計力學在探討氣體的時候，就會先考慮構成氣體的大量分子，有什麼物理性質囉。

但是我們有辦法掌握這麼多原子、分子的位置和速度嗎？

當然我們不可能知道所有粒子的確切狀態。這時候有個好方法，就是**粗粒化**。

粗粒化？

175

舉個例子吧，我現在想要調查日本人口集中在哪些地方，

這時候我們不如用10 km四方格來分割日本，藉此研究每個方格所居住的人數。

要是調查每個日本人的正確地址，不僅必須收集非常大量的資料，對於判斷整體趨勢也沒什麼幫助。

這對於了解哪個地方人口比較集中才更有幫助。

這樣也對喔！把本質之外的資訊剔除，就好懂多了。

非本質　本質

這就是統計力學使用的粗粒化！

粗粒化

嗯……是喔，所以統計力學跟熱力學不一樣囉……感覺很困難呢。

喝！

村山在說什麼啊！妳不是已經準備好學習統計力學了嗎！

咦！我有嗎!?

妳已經學了很多熱力學，沒錯吧。

在統計力學中,只要使用粗粒化,就可以討論巨觀的熱力學性質了!

可,可以這樣做嗎?

熵:「微觀系統的混亂程度」

熵:「以可逆過程中之熱移動所定義的狀態量」

統計力學　　熱力學

要了解這些東西,學統計力學就對了!

熱力學跟統計力學

絕對不是兩回事,知道嗎?

熱力學唸過的法則,也可以跟統計力學通用喔!

來做泡芙吧！
烹飪教室
砰啷
村山！
沒事吧!?
痛痛痛……
不過妳的靈感還眞了不起啊。
擦擦
竟然會想到用熱力學**重現**那個黃金泡芙，眞厲害！
嘿嘿嘿
因爲只有我知道那個泡芙的味道，
我就想能不能活用之前學到的熱力學知識啊。

但是我對烹飪有點……

我知道啦,我會幫妳的,OK?

是!加藤老師,麻煩你了!

但是我只教妳基礎,不出手幫忙!這樣可以吧?

那就馬上開工吧!

製作奶油

一開始要先做奶油,點火熱材料吧。

材料
・砂糖
・牛奶
・香草豆

快煮滾的時候關火,然後放著讓它涼。

咦?這樣不就冷掉了嗎?

※各位好孩子請跟家人一起做喔

這樣才好啊。可以看到鍋子裡的奶油,把熱量傳到空氣裡,對吧?

空氣跟奶油正在達成熱平衡狀態呢!

低溫
熱 熱
高溫

只要利用熱的機制,就可以做出好吃的奶油喔。

怎麼還沒好啊～

做麵皮與第二定律

接著要做泡芙的麵皮。

把材料放進鍋裡加熱。

喀

好簡單喔，就跟做奶油的時候一樣啊……

然後要一口氣把麵粉倒進去。

啪～

材料
・牛奶・水
・奶油・鹽
・砂糖

奶油溶化之後就把火關掉。

好！快速攪拌！

攪攪攪

咦!?啊，是！

要是這裡失敗了，就不能復原囉！好好攪拌啊！

熱……熱力學第二定律……

混合之後的東西無法恢復原狀！

加油！

嗯～手痠了

攪攪攪

攪 攪 攪

泡芙麵皮發酵

真的會膨脹嗎……？

沒問題啦。麵皮攪得很好。

話說回來，為什麼麵皮會膨脹啊？

因為麵皮裡的水分會蒸發，水蒸氣讓麵皮膨脹啊。

麵粉裡面的麩質和奶油的油脂會承受麵皮膨脹的力量。而且蛋會因為加熱而硬化，所以膨脹之後不會收縮，形狀才能維持膨脹時的樣子。

②油脂承受膨脹

①水蒸氣往外膨脹

③蛋硬化維持形狀

原來如此啊！

完成了～！

太好了村山！妳真是幹的好啊！

加藤……！

再來就是……口味的問題啦！

……嗯！

加藤的特別講座⑤

泡芙與熱力學

好！機會難得，我就來考妳幾個跟泡芙有關的問題吧！

咦咦咦！我……我答得出來嗎……！

沒問題的！就當是之前的總複習吧！
剛才我們做泡芙，要混合水、牛奶、奶油、鹽、砂糖，加熱到沸騰之後馬上停止加熱。這裡剛好有個相關的熱門題！

問題1

將 0℃、1atm、50g的冰塊，加熱成為 100℃、1atm的水蒸氣。求此這過程中水得到的熱量與熵增量。冰之溶解熱為 80cal/g，100℃之汽化熱為 540 cal/g，水之比熱為 1cal/g/K，且 1cal = 4.19J。

嗚……嗚嗚嗚……

哇，沒問題吧……？慢慢算就能解出來的！1atm就是 1 大氣壓的意思啦。我們先算熱量吧。

$$50 \times 80 \times 4.19 + 50 \times 1 \times 4.19 \times 100 + 50 \times 540 \times 4.19 = 1.51 \times 10^5$$

所以答案是 1.51×10^5 J。

至於熵，整個過程分為冰融解成水，水的溫度上升，水蒸發為水蒸氣等三個步驟，所以熵增量就是三者相加。

假設比熱為定值，水溫上升時的熵增量如下。

$$\Delta S = \int_{T_i}^{T_f} \frac{cmdT}{T} = \int_{T_i}^{T_f} \frac{cmdT}{T} = cm \ln \frac{T_f}{T_i}$$

其中 m 為水質量，c 為水比熱，T_i 和 T_f 分別表示水在加溫前與加溫後的絕對溫度。另一方面，冰融解和水沸騰的過程中溫度不變，可以用以下的式子來計算。

$$\Delta S = \frac{Q}{T}$$

所以根據以下算式

$$\frac{50 \times 80 \times 4.19}{273.15} + 50 \times 1 \times 4.19 \times \ln \frac{273.15 + 100}{273.15} + \frac{50 \times 540 \times 4.19}{273.15 + 100} = 430$$

可以求出答案是 430 J/K。要注意單位喔。不過一般計算機不能做上面的計算，所以需要工程計算機。（也可以使用 Google 的計算機功能）

這樣懂嗎？

呃……似懂非懂……？

怎麼能似懂非懂！那我們應用上面的計算，來看看實際做泡芙要用的牛奶吧。不過牛奶冰凍跟沸騰的情況比較難探討，就單純針對加溫過程好了。

> **問題2**
> 將 50g 牛奶從 5℃ 加溫到即將沸騰，然後停止加溫。則牛奶得到多少熱量？此時的牛奶增加了多少熵？其中牛奶的沸點約為 100.55℃，比熱經過簡化，約為 0.93 cal/g/K，並幾乎為定值。

183

呃……這個……跟剛才一樣的做法就行了吧？首先……熱量是這樣。

$$50 \times 0.93 \times (100.55 - 5) \times 4.19 = 1.86 \times 10^4$$

所以牛奶得到的熱量是 1.86×10^4 J。

然後……如果比熱不變，熵增量可以用跟水一樣的算式來算，就是

$$\Delta S = 4.19 \times 0.93 \times 50 \times \ln \frac{273.15 + 100.55}{273.15 + 5} = 57.5$$

所以答案是 57.5 J/K！

喔喔！正確答案！
那就再來一題。我們來看實際的作法。實際上要混合水、牛奶、奶油、鹽、砂糖做為材料，但是這種混合物的熱性質非常複雜。不過它的比熱還是有一定程度跟溫度有關，所以不能使用上面的簡單算式，要用比較抽象的算式來回答……妳看能不能做？

問題 3

為了製做泡芙，而將牛奶 50g、無鹽奶油 50g、食鹽 1g 混合，加溫至某個溫度。假設混合物質為 A。A 的比熱與溫度 T 成正比。所以再假設 A 的比熱為 $c(T)$，A 的質量為 m。請求出將 A 從溫度 T_i 加熱到溫度 T_f 所需的熱量。以及此時 A 的熵增量。

唔～好抽象喔……
熱量 Q 可以寫成

$$Q = \int_{T_i}^{T_f} c(T) m \, dT$$

熵的增量應該是……

$$\Delta S = \int_{T_i}^{T_f} \frac{c(T)m}{T} dT$$

對吧……？

嗯！就是這樣！

呼……泡芙完成了，問題也解出來了，總算放心了！

辛苦了！吃個泡芙，喝杯茶，休息一下吧！

第 4 章總結

- **熱力學溫度**：以熱源與卡諾循環之間進出的熱量比，來定義的溫度。與理想氣體溫度計所定義的絕對溫度一致。
- **循環效率**：從高溫熱源取得熱量 Q_2，對低溫熱源提供熱量 Q_1，並對外界作功 W 的循環，其效率為

$$\eta = \frac{W}{Q_2} = 1 - \frac{Q_1}{Q_2}$$

- **卡諾循環效率**：若高溫熱源溫度為 T_2，低溫熱源溫度為 T_1，則效率為

$$1 - \frac{T_1}{T_2}$$

是所有循環中效率最好的。一般不可逆循環的效率都比這更低。
- **克勞休不等式**：以下公式對一般循環皆成立。

$$\sum_{i=1}^{N} \frac{Q_i}{T_i} \leq 0 \quad \text{或} \quad \oint \frac{d'Q}{T} \leq 0$$

但等號僅成立於可逆循環。
- **熵**：以狀態 P_0 為基準，則狀態 P 之熵為

$$S = \int_{P_0 \to P \,(\text{可逆})} \frac{d'Q}{T}$$

唯積分必須沿 P_0 到 P 的可逆過程進行。
- **一致性增長律**：絕熱系統或獨立系統的熵不會減少。在不可逆過程中則只會增加。
- **熵與第一定律**：兩個無限接近的熱平衡狀態，可成立以下公式。
$$dU = TdS - pdV$$
- **外延量與內含量**：將兩個、三個……多個完全相同的系統，看成一個大系統，則外延量會成為兩倍、三倍……多倍。內含量則不變。
- **統計力學**：以微觀系統之統計性質來理解巨觀系統現象的學問。

附錄

村山怎麼會想
要退社啊？
泡芙不是完成了嗎？
我惹了這麼大的麻
煩，不能不負責。
加藤，拜託你不要告訴大
家這是我做的，把泡芙送
去就好了！
這些泡芙就當是我
的賠罪吧。
怎麼……
村山妳……
看起來益永老
師的胃好像黑
洞呢。
呵呵
猛吃狂吃
什麼!?
黑洞!?
瞪
起身
咦？啊！對不起！

其實黑洞裡面也有
熱力學喔！
嘿嘿嘿
咦？
冷汗直流
機會難得，來上
最後一課嘛！
拉起
啊，那個，我不能
留太久啦⋯⋯！
沒關係沒關係，
最後再聽我講講嘛！
⋯⋯那，
就聽一下好了⋯⋯

黑洞與熱力學

妳認爲黑洞是個什麼東西呢？
呃……好像在宇宙裡面，會吞噬一切的洞……吧？
好像有人把吸入的邊界叫做事件視界之類的。
嗯～還算常見的答案。
因爲黑洞感覺就不是很清楚啊。
黑洞也分成幾個種類。有一種眞空的，不隨時間變化的黑洞，叫做克爾黑洞。不隨時間變化，就稱爲恆定。
而這個克爾黑洞是由質量M與角動量變化J所決定的。
喔～意思就是……
沒錯，就像之前提過的流體靜壓力，只要指定內部能量 *U* 和體積 *V*，就能決定熱平衡狀態。
而且黑洞不只會吸引，也會放出光和粒子喔。
咦？眞的嗎？

這是以量子理論性質來思考所得到的結果，叫做**霍金輻射**。

而黑洞所放射的粒子具有熱向量，所以它們對應的溫度稱為**霍金溫度**(T_H)。

① 黑洞的事件視界附近有許多虛擬粒子對。

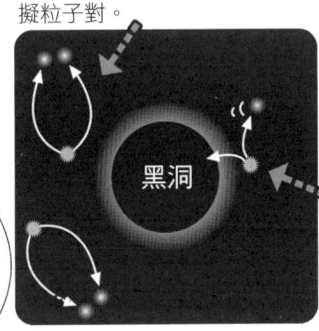

② 通常粒子很快就會消滅。

③ 但是有些粒子對受到黑洞影響，發生一邊掉入黑洞，另一邊往外脫逃的現象。

黑洞

這裡的質量與角動量變化都非常緩慢，所以在每個變化瞬間來說，黑洞幾乎為恆定。

跟準靜變化一樣嗎？

妳可以這樣看沒錯。

在這樣的準恆定變化中，黑洞的能量・表面積・角動量變化會成立以下的關係。

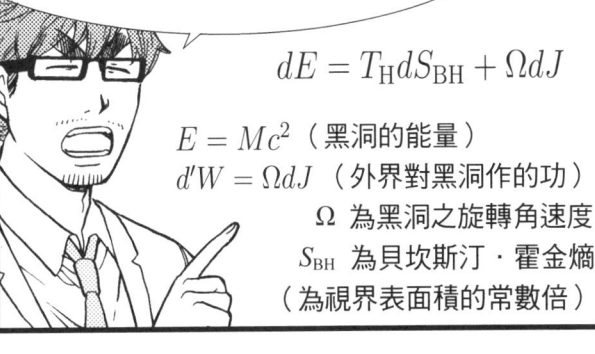

$$dE = T_H dS_{BH} + \Omega dJ$$

$E = Mc^2$（黑洞的能量）
$d'W = \Omega dJ$（外界對黑洞作的功）
Ω 為黑洞之旋轉角速度
S_{BH} 為貝坎斯汀・霍金熵
（為視界表面積的常數倍）

熵……

沒錯。而且科學家已經證明，黑洞的視界表面積會隨著時間過去而縮小。

隨時間經過而合體的黑洞

兩個黑洞

那不就是一致性增長律……

沒錯，這就是所謂的**黑洞面積增長率**。也就是

$$dS_{\text{BH}} \geq 0$$

這就跟熱力學一樣啦！

- 恆定黑洞＝熱平衡狀態
- 黑洞能量＝內部能量
- 霍金溫度＝溫度
- 準恆定變化＝準靜變化
- 貝坎斯汀・霍金熵＝熵

以上就是跟熱力學對應的關係。根據這套對應關係，就可以分別套用熱力學第零定律・第一定律・第二定律。這就是**黑洞熱力學**了。

我剛才不就說了嗎？

我本來以爲黑洞會更難懂，但是用熱力學來看，好像就明白了呢！
擋
對妳來說，熱力學可能只是個學分，但是……
就是這樣。
我知道啦！
現在我明白，從我們的日常生活，到浩瀚無垠的宇宙，熱力學都無所不在！

終幕　珍研直到永遠

噠噠噠噠
碰
啊，人還在！益永老師幹的好！
！
喔！來的好，我正好講完呢！
社……社長！怎麼會在這裡!?
益永老師……難不成……
被陷害了！
沙沙
妳問我怎麼會在這!?
指
我全都聽加藤說了，那些泡芙是妳重做，再轉交給加藤的！

沒有沒有，那不是什麼好東西啦！
看這邊！
咦……
社團證書
社員名單
認可以下人員爲珍研社員
村山　瑛美　西田　麻
加藤　直樹　太田　太
社長……這是……
沒錯，妳交給加藤的泡芙送到學校，
真棒啊！
學校認爲這是「有文化又有生產力的活動」。
都是託村山的福喔！
這樣珍研就得救了！
瑛美謝謝妳！
大家都……
村山。
加藤……！

噠
如果村山不在，會很無聊的……
大家都這麼說了，妳就回來吧。
加藤……！
哇！
哦哦～
最喜歡你了！
開動啦～！
好啦，今天的社團活動就是吃泡芙囉！
啊，我的泡芙！
珍研活動中！
with 益永
啊，那我來說說熱力學好了！
熱力學跟美食關係密切喔！首先是啊……

索引

【一劃】

一致性增長律…13, 141, 165, 186

【二劃】

力學的能量守恆定律…53

【三劃】

凡德瓦爾狀態方程式…46
大氣壓…21

【四劃】

不可逆性…93, 128
不可逆過程…99
不定積分…37
內含量…170, 186
內部能量…33, 57, 66, 88, 186, 192
反卡諾循環…107, 130
反函數…37
比熱…33, 74, 79, 88

【五劃】

功…33, 53
卡（cal）…74
卡諾循環…106, 130
可逆過程…98, 130
外延量…170, 186
外界…59
巨觀系統…175
巨觀的…12, 175
正卡諾循環…106

【六劃】

亥姆霍茲自由能…33, 169
全微分…34, 39, 45, 48
吉布斯自由能…33, 170
自由能…169
自然對數…34, 35
自然對數的底數…34, 36

【七劃】

位能…53
克勞休不等律…150, 155, 156, 186
克勞休原理…102, 112, 130
克爾黑洞…190
系統…58, 59
貝坎斯汀‧霍金熵…191, 192

【八劃】

事件視界…190
亞佛加厥常數…29, 34
和積平均關係…34

197

定容比熱⋯33, 80
定容變化⋯80
定積分⋯37
定壓比熱⋯33, 80
定壓變化⋯80
帕斯卡⋯21
波以耳・查理定律⋯27
波以耳定律⋯23, 48
物理常數⋯34
狀態方程式⋯20, 45
非靜過程⋯76

【九劃】

封閉曲線⋯156
封閉曲線積分⋯34, 42, 156
恆定⋯192
指數⋯35
查理定律⋯25, 48

【十劃】

流體靜壓力⋯21
效率⋯33, 148, 186
氣壓⋯21
氣體自由膨脹⋯84
氣體常數⋯29, 34
能量⋯53, 55, 65
能量守恆定律⋯13, 52
能量式⋯172

【十一劃】

偏微分⋯34, 38, 45, 46, 48, 167
動能⋯53

參數⋯41
常微分⋯34
梅耶關係式⋯87
理想氣體⋯23, 28, 48, 85
理想氣體的卡諾循環⋯114
理想氣體的自由膨脹⋯86
理想氣體狀態方程式⋯30, 48
理想氣體溫度計的絕對溫度⋯143
第一類永動機⋯118
第二類永動機⋯119, 130
粗粒化⋯175
統計力學⋯174, 186
莫耳⋯29, 33, 48
莫耳比熱⋯87, 88
透熱壁⋯76
麥斯威爾關係式⋯171
焓⋯33, 168

【十二劃】

循環⋯101
循環過程⋯101
普瓦松定律⋯87
湯姆生原理⋯120
焦耳⋯74
焦耳實驗⋯72, 88
等溫變化⋯81
絕對溫度⋯25, 31, 33, 48
絕對零度⋯32
絕熱過程⋯60
絕熱壁⋯60, 88
絕熱變化⋯60, 81
給呂薩克焦耳實驗⋯83, 88

開爾文…25, 31
開爾文原理…120, 130
黑洞…190, 191, 192
黑洞面積增長率…192
黑洞熱力學…192

【十三劃】

奧斯特瓦爾德原理…120
微分…36, 39
微分係數…36
微觀系統…175
微觀的…175
極限值…36
溫度…14, 18
溫度計…18
準靜過程…76, 88, 130
經驗溫度…18, 33
想像實驗…113

【十四劃】

對數…34, 35

【十五劃】

增量…34
摩擦…99
熱…33, 57, 70, 88
熱力學溫度…143, 186
熱力學第一定律…13, 52, 64, 70, 88
熱力學第二定律…13, 93, 104, 130, 165
熱力學第零定律…13, 17, 48
熱引擎…101

熱功當量…34, 74, 88
熱平衡狀態…13, 16, 48
熱效率…148
熱浴…76
熱傳導…77
熱源…76
熱與功的等價性…74
線積分…41
熵…33, 134, 137, 160, 166, 186

【十六劃】

壁…59
導函數…36
獨立變數…79
積分…34, 37
積分常數…37
霍金溫度…191, 192
霍金輻射…191

【十七劃】

壓力…20, 21, 33, 48

【二十一劃】

攝氏溫度…31

【二十三劃】

體積…20, 33

輕鬆讀、簡單學的圖解熱力學/原田知廣作；李漢庭譯. -- 初版. -- 新北市：世茂出版有限公司，2025.06
　　面；　公分. --（科學視界；284）

ISBN 978-626-7446-71-3（平裝）

1.CST: 熱力學

335.6　　　　　　　　　　114003008

科學視界284

輕鬆讀、簡單學的圖解熱力學

作　　者／原田知廣
譯　　者／李漢庭
作　　畫／川本梨惠
製　　作／Universal Publishing
主　　編／楊鈺儀
封面設計／Wang Chun-Rou
出　版　者／世茂出版有限公司
地　　址／（231）新北市新店區民生路19號5樓
電　　話／（02）2218-3277
傳　　真／（02）2218-3239（訂書專線）
劃撥帳號／19911841
戶　　名／世茂出版有限公司　單次郵購總金額未滿500元（含），請加80元掛號費
酷　書　網／www.coolbooks.com.tw
排版製版／辰皓國際出版製作有限公司
印　　刷／世和彩色印刷公司
初版一刷／2025年6月

ISBN／978-626-7446-71-3
定　　價／340元

Original Japanese Language edition
MANGA DE WAKARU NETSURIKIGAKU
by Tomohiro Harada, Rie Kawamoto, Universal Publishing
Copyright© Tomohiro Harada, UniversalPublishing 2009
Published by Ohmsha, Ltd.
Traditional Chinese translation rights by arrangement with Ohmsha, Ltd.
through Japan UNI Agency, Inc., Tokyo

合法授權・翻印必究
Printed in Taiwan

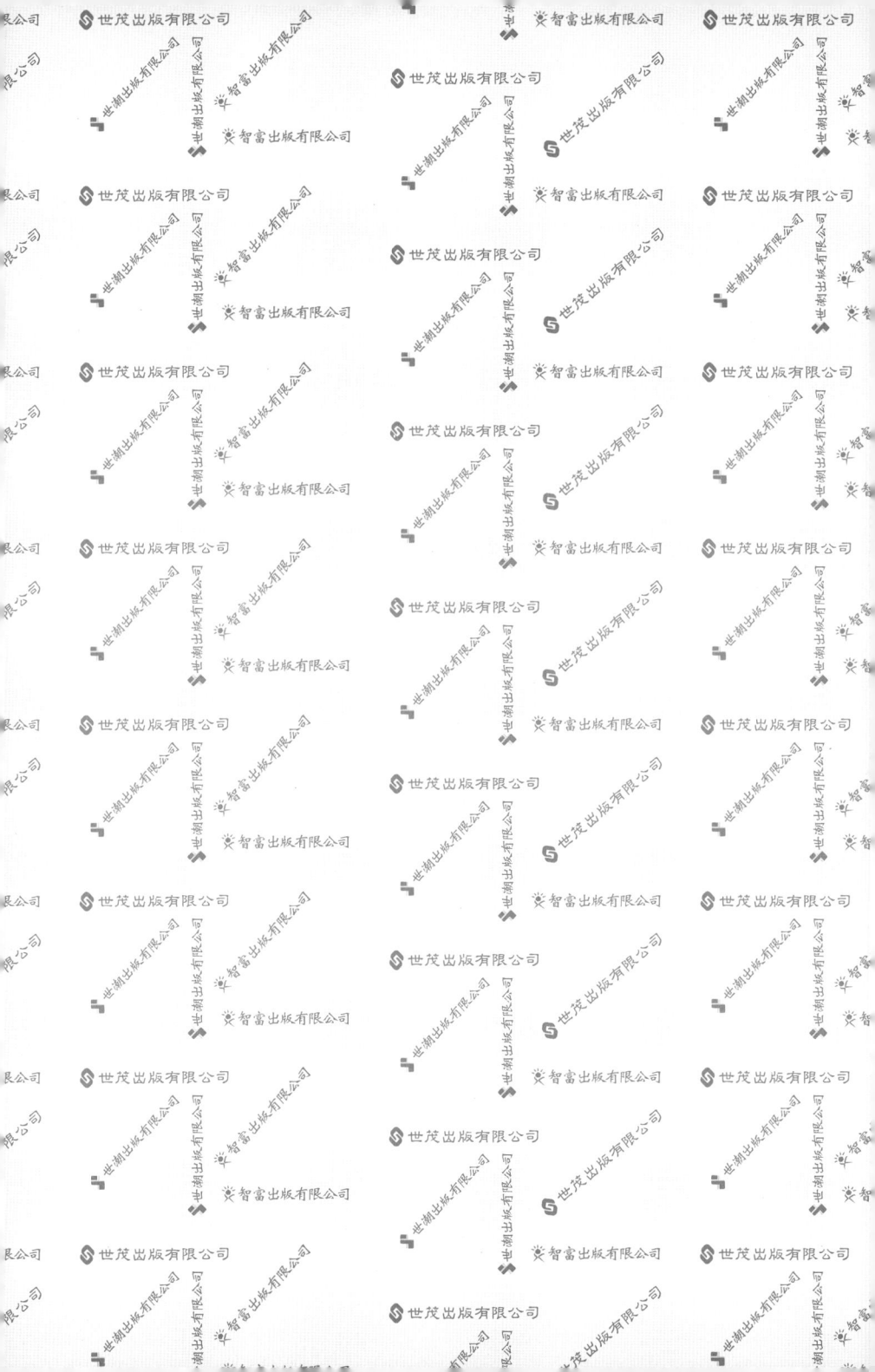